北海道開拓の素朴な疑問を関先生に聞いてみた

教えて先生シリーズ

関 秀志 SEKI Hideshi

亜璃西社

本書の登場人物

関先生

●講師

関 秀志（せき・ひでし）。昭和11年（1936）、北海道苫前郡苫前町生まれ。祖父は香川県からの入植者という開拓移民3代目。北海道大学文学部卒。元北海道開拓記念館（現北海道博物館）学芸部長、現北海道史研究協議会副会長。専門は北海道近現代史で、60年以上にわたり北海道の地域史、開拓史などの研究に取り組む。生徒の初歩的な質問にも丁寧に答えてくれる、とっても優しい先生。『北海道の風土と歴史』（共著、山川出版社、1977年）、『北海道の歴史 下（近代・現代編）』（共著、北海道新聞社、2006年）ほか著作多数。

ケンジくん

●生徒

本書の担当編集者。大学は史学部で多少歴史の知識はあると自負していた。が、ふと北海道の開拓史についてはほとんど知らないことに気づき、「これではイケナイ!」と本書を企画、優しい関先生に泣きつく。1児の父であり、北海道で生まれ育ったものとして、この土地の歩みを我が子に語れるぐらいの知識が欲しいと思っている。

サトミさん

●生徒

出版社の営業担当。北海道を愛する生粋の道産子。北海道にわたってきたご先祖様のことは、祖父母や親戚からうっすら聞いてはいたものの曖昧な部分が多く、実は自分の出自がずっと気になっていた。そんなとき、本講義の話を聞きつけ「渡りに船」とちゃっかり参加。人生経験の豊かさからくる絶妙な合いの手が、講義の潤滑油に。

本書の特長

●開拓史の専門家が持つ膨大な知識や経験を、対話形式の講義で楽しく、わかりやすく紹介。

●知っているようで実はあまり理解していない、「北海道開拓」の時代背景や政策など大きな歴史の流れから実際の開墾作業といった細部にいたるまで、手に取るようにわかります。

●明治時代の開墾地の住居や農作業の風景、移住旅行時の一コマなど、当時の貴重な写真をたっぷり掲載。目で見ることで、開拓の実態がよりリアルに感じられます。

●開拓の歴史を「開拓が必要となった時代背景」「開拓地への入植」「開拓地での最初の仕事」など、時間軸に沿って構成。開拓の流れとその背景をより深く理解できます。

●あなたの先祖がなぜ北海道に来て、どんな思いで未開地を開拓して新たな社会をつくっていったのか——。そんな自分のルーツの深部が、わかるかもしれません。

北海道開拓の素朴な疑問を関先生に聞いてみた［目次］

4時限目

講義を終えて

ホームルーム

ぼくたちは
開拓のことを何も知らない？

ぼくたちは開拓のことを何も知らない？

ケンジ　北海道の開拓について、我々何となくのイメージは持っていますけど、じゃあ実際はどんな風に開拓されていったのか？　例えば、何もない原野に人が入って汗水流して開墾した、と言っても、開墾地に入った初日は家もない、水道もない、もちろん電気もない状況なわけです。

サトミ　まったくのゼロから生活を始めなきゃいけない。

ケンジ　そうなんです。でも「ゼロからの生活」と言うのは簡単ですが、実際、何もない原始林に入った開拓者が、初日の夜はどう過ごしたのか？　野宿しようにも、いまのような寝袋やテントなんてない時代ですよ。食事だってどうしたんだろう？と具体的にイメージしようとしても、現代の我々には想像もつかないわけです。

サトミ　たしかに、言われてみればそういうディテールは何もわかっていないかも。

ケンジ　しかもそれって、我々のおじいちゃんのお父さん（曾祖父）、曾祖父のお父さん（高祖父）の時代の話なんです。そんなに遠い昔のことではないんですよ。

サトミ　うん。会ったことはないけれど、遠い存在ではないわ。

ケンジ　その上、そんな身近な先祖が村や町を切り開いたことがわかっていて、しかもその記録が残っている土地って、歴史の長い本州にはまずないわけです。

サトミ 原野から町ができるまでの資料が残っているのは、北海道だけ。

ケンジ たかだか150年前まで、いまや大都市の札幌だって何もない原野だったわけです。そう考えると、知りたくなってきませんか？　実際の開拓者は日々どうやって暮らしていたのか。曾祖父や高祖父がどんな手段で原野を切り開き、集落や社会をつくっていったのかを。

サトミ 知りたい！　それがなければ、いまの北海道はないわけだもの。

ケンジ そこで、元北海道開拓記念館の学芸部長であり、開拓史を長く研究されてきた関秀志先生に、我々の素朴な疑問に答えてもらおうというのが、この本のテーマです。

サトミ その道の大先生にズブの素人の相手をさせるとは、恐れ知らずな……。

関先生 **いやいや（笑）。**

ケンジ でも本当にシンプルな疑問って、専門家にとっても答えるのが難しいと思うんです。その点、開拓に関する著作が多数あり、かつ自らも開拓移民3代目である関先生なら、ズバッと明快にお答えいただけるかと。

関先生 **はいはい。どこまでご期待に沿えるかわかりませんが（笑）。ひとつやってみましょうか。**

1時限目

開拓前夜。開拓者たちが北海道にやってきたワケ

- 「開拓」ってどんなこと？
- 北海道はなぜ開拓されたのか？
- 開拓者を受け入れるための準備
- どんな人が北海道に移住してきたの？
- 移住の理由や動機って？

「開拓」ってどんなこと？

関先生 最初に、そもそも「開拓」とは何かということから始めてみましょう。

ケンジ 「開拓」の定義ですね。

関先生 一般の方々は開拓を、辞典に書かれているような意味でとらえていると思います。角川学芸出版編の『角川国語辞典　新版』で「開拓」を引きますと、「あれた土地をひらいて、田畑をつくること。新しい領土・進路・方面などをきりひらくこと」とあります。一般の方のイメージも、だいたいそんな感じでしょう。

ケンジ たしかにそうです。

関先生 ぼくは今回のお話のテーマである開拓を「未開の土地に人間が移住し、自然に働きかけて新しい産業を興し、生活基盤を整えて、新たな地域社会を構築する営み」と、とらえています。この「新しい産業」は農業や漁業、鉱業といろいろありますが、本書では主として、農地開拓・農村集落の誕生と発展を取り上げたいと思います。

ケンジ では前提として、本書の開拓は、いわゆる農家の開拓の話となるわけですね。

関先生　そうです。たぶんそれが、開拓の実態を一番わかりやすく伝えられると思います。

ケンジ　開拓と聞くと、明治新政府の開拓使から始まるイメージですが、それ以前に開拓という行為はなかったのですか？

関先生　ありました。厳密に言えば、開拓は先史（原始）時代からずーっと続いています。要するに開拓とは、自然のままの土地に人間が手を加えることですから。狩猟や漁労、自生植物の採集という自然の食料を採取する社会から、作物を栽培したり、動物を飼育したりする社会に変わるには、必ず開拓という行為が伴うわけです。自然を人の手で変えるという点で。

サトミ　なるほど。規模の大小は別にしても、ですね。

関先生　日本の歴史も、例えば縄文末期にはすでに原始的な農耕も行われていましたが、基本的には狩猟・漁労・植物採取の社会です。弥生時代から稲作の社会、農耕社会になります。ということは弥生時代からすでに――。

サトミ　開拓が始まっている。

関先生　そういうことです。だから開拓は先史時代から始まっていて、ただ北海道は本州に比べると農耕には環境が非常に厳しかったので、農耕社会への移行が遅れた。逆に言うと、狩猟・漁労・採取を中心とした社会が遅くまで残った。それを担ったのが、先住民族のアイヌの人たちですね。

［開拓使］北海道開拓と経営のため、明治2年（1869）に設置された中央政府の行政機関。

［縄文末期］縄文時代は、紀元前1万2000年ころから約1万年以上続いた時代で、主に縄目文様の土器が使われていたことが名前の由来。

［弥生時代］紀元前4世紀ごろから3世紀ごろまでを指す時代区分（諸説あり）。大陸から農耕技術が伝えられ、本格的に稲作が始まった。同じころ、北海道では稲作文化が広まらず、また土器も縄文文様が付いていたことから弥生時代ではなく、「続縄文時代」とされる。

［アイヌ］北海道や日本列島北部周辺で暮らしてきた先住民族。「アイヌ語」など独自の生活文化、信仰を持つ。

ケンジ　開拓しなくても、北海道は自然が豊かだからその恩恵だけで何とか生きていけた、生活が成り立っていた、ということもあるのでしょうか？

関先生　成り立っていました。アイヌの人たちが自然の中で豊かな生活をしていたこと、それは間違いないのですが、実を言うと自然に依存した社会や暮らしというのは、大変不安定な面がありました。魚の獲れる年と獲れない年、木の実がよく実る年があれば不作の年もある。自然に依存する暮らしというのは厳しくて、ちょっとした変化で――。

サトミ　食べるものがなくなってしまう？

関先生　そうです。だから開拓とは本来、少しでも暮らしを安定させ、豊かにしようという人類の努力でもあると思います。

北海道はなぜ開拓されたのか？

ケンジ　なるほど。開拓とは生活のために、自然を変える営みなんだ。

関先生　根本はそうです。さて、中世の鎌倉、室町時代には、先住民族アイヌの人たちが住む北海道に本州から和人が移り住むようになりますが、開拓が本格化するのは近代になってからです。じゃあ、それはなぜなのか？　ひとつは国際情勢が大きく関わっています。

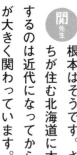

江戸時代の後半からロシアが南下政策をとり始めて、それが幕末になると顕著になります。ロシアの南下に対抗するには、蝦夷地を開拓しなければいけない。

当時、蝦夷地に住んでいたアイヌ民族は多くて数万人、明治初めの統計では2万人を切っています。そういう状況下で、しかも松前藩（※1）の特権商人は、漁場でアイヌの人たちを酷使し、彼らが必要としていた日用品などを高く売り渡す一方、狩猟で手に入れた毛皮などを安く買い取って利益を得ていました。そうすると、アイヌは和人によい感情を持っていないわけです。

人数が少ない上に、住人のアイヌの人たちが日本に対してよい感情を持ってなければ、これは大変なことになります。

サトミ アイヌの人たちが、ロシアの味方につきかねないと?

関先生 江戸時代の記録には、そういう懸念が書かれています。だからまずは蝦夷地を開拓して、ここが日本の土地であるということを確固たるものにしなければならない。それで、幕末から蝦夷地開拓に力を入れるようになったのです。もうひとつは、明治維新以後、西欧列強の植民地支配に飲み込まれないために、日本の近代化を急がなければならなかった。近代化のために何が必要かというと、そのひとつが富国強兵です。

ケンジ このままでは、日本も植民地化されてしまうという危機感があったんだ。

［江戸時代］徳川将軍家が日本を統治していた時代。家康が江戸幕府を開いた慶長8年（1603）から、慶応3年（1867）に15代将軍慶喜が大政奉還するまで。

［ロシア］1721～1917年まで存在したロシア帝国のこと。帝政ロシアとも呼ばれる。

［蝦夷地］道南地方を除く、明治以前の北海道、樺太、千島列島の総称。

［松前藩］江戸時代に蝦夷地・松前地方を支配していた藩。福山藩とも。

※1 蝦夷地が幕府領だった時代には幕府。

［特権商人］松前藩や藩の家臣から、アイヌとの交易場所や漁場の経営を請け負っていた有力商人。

［列強］イギリスやスペイン、フランス、アメリカなど、当時強い力を持っていた国々のこと。

関先生　それは幕末からの大きな問題でした。欧米並みに早く追いつかないと、日本も植民地になりかねない。国の独立を維持するということが、政治的には最大の課題でした。

それを実現するために何が必要かというと、当時は軍事力を背景とした植民地支配の時代ですから、まず国を守るために強い兵を持たなければならない。そのためには、国が豊かでなければならない。国を豊かにするためには産業を興し、資源を開発して経済的な面からも国力をつけなければならない。そういう観点から北海道をみると、まさに資源の宝庫なわけです。だから北海道の開拓は、単にロシアに対抗するためだけでなく、日本の近代化、国力を増進するために不可欠な政策と考えられました。当時列強は、国外に植民地を求めていましたでしょう？

ケンジ　はい。アフリカとかアジアですね。

関先生　ところが日本は封建制の社会が長く続き、欧米の先進国に比べて遅れていたため、明治の初めは海外の植民地を持てるような状況ではなかった。列強の植民地に相当するのは、日本の国内を見渡すと未開の北海道があったわけです。歴史学では「内国植民地論」という学説があります。北海道は日本の内国植民地だと。

サトミ　日本でありながら、感覚的には日本じゃなかったんだ。

関先生　そうそう。北海道民は明治以降、長い間、本州や四国、九州を「内地《ないち》」と呼んでいました。開拓使は「内地」と呼ぶことを禁止したのですが、我々古い世代の道民には、北海道は日本でありながら本州とは違う特別な地域である、という意識が残っていました。

ケンジ 当時、北海道以外に内国植民地になりそうな場所はなかったんでしょうか？

関先生 ありません。南の沖縄（琉球）も明治初期に日本に編入されましたが、北海道のような開拓の対象地ではありませんでした。

そして、エネルギーの面からみると、世界では薪から石炭に代わっていく時代です。そうすると、北海道は石炭が豊富じゃないですか。

ケンジ 北海道に石炭があることは、けっこう早い段階からわかっていたのですか？

関先生 幕末からです。幕府が箱館奉行を置いて、アメリカやイギリスの技術者を雇って地下資源の調査を行っています。長くは続きませんでしたがね。

ケンジ そんなに早くから！　時の政府は、北海道のいろいろな情報を持っていたんですね。

関先生 ただ近代的な調査は幕末に始まっているものの、本格的になるのは明治初期の開拓使時代からです。幕府は国策として北海道開拓に力を注ぎましたが、すぐに倒れてしまったので、明治政府が出先機関の開拓使を置いて、北海道開拓を再スタートさせるわけです。

開拓使札幌本庁舎（明治６年撮影、北海道大学附属図書館所蔵）

開拓者を受け入れるための準備

開先生　開拓の理由、時代背景はそういうことですが、ではどうやって開拓を進めていくのか、どのように開拓者を入れるのかという、さまざまな制度も整備しないといけません。開拓者の生活に迫る前に、前提となる政策、制度の話もしておきましょう。

サトミ　勝手に北海道に来て、勝手に開墾はできなかったのですか？

開先生　それはダメです(笑)。未開地とはいえ自由に、好きなところに入れたわけじゃなく、国が開拓地の調査、区画割りをやって、その中からどこに入るかを選択する形をとりました。国の移民政策は開拓使が着手し、その後、さまざまな試行錯誤を重ねますが、ここでは北海道移民が急増し、本格的な開拓時代を迎える明治中期以降に重点を置いて、話したいと思います。

明治15年（1882）、開拓使が廃止されたあと、北海道は函館・札幌・根室の3県に分かれ、翌年、国営の開拓事業を管轄する農商務省北海道事業管理局が置かれましたが、明治19年（1886）、北海道の地方行政と国の開拓事業を一体的に進めるために北海道庁が設置されます。道庁はまず、道内にどういう開拓適地、いわゆる殖民地があるかを調査することに力を注ぎました。

ケンジ　なるほど。まずは開拓可能な、移民を受け入れられる土地がどれくらいあるのかを、ちゃんと把握しておかないといけませんよね。

明治22年ごろの北海道庁庁舎
（北海道大学附属図書館所蔵）

関先生 調査項目は、原野の地理、面積、それから主な河川、それぞれの地域の気候、地形など多岐にわたります。これらの調査をもとに、明治24年（1891）の『北海道殖民地撰定報文』など、何種類かの非常に詳しい報告書を出版しています。実際に土地を払い下げる前に、現地の状況を開拓者に伝えるわけですが、その基礎資料となったのがこの報告書です。

サトミ 先生、土地の「払い下げ」とは何ですか？

関先生 国が所有している未開地や林木などを民間に下げ渡す（当時の用語では処分）ことです。売り払う場合（有償）と無償で与える場合があり、貸し付けることも含みます。

さて、この調査で明治20年代には、北海道の原野の状況、道内のどこに開拓に適した原野があるのかをだいたい掌握します。ただ問題は1区画の大きさで、1戸当たりどれくらいの農地面積があれば北海道で農業をやっていけるのかを決めなければ、最小区画の面積が定まらない。最小区画が決まらなければ、区画割りもできないわけです。

ケンジ 場所を決めるだけじゃなく、区画割りまでしないとダメなんだ。

関先生 そういうことを移民が自分たちでやるとなると、相当な手間がかかります。しかし、道庁や関連機関の窓口に行って、地形図とか区画図をみながら「こんな土地がありますよ、こんな区画地がありますよ」と教えてもらえれば、移住希

【まとめ】殖民地の選定

明治19～29年　北海道庁が開拓に適した主要原野の調査を実施。

○調査項目：地理、面積、河川、気候、地形（地勢）、地質、地下資源、土性（土壌）、植物、水害、用排水、水産、交通・運輸、アイヌなど。

○報告書：北海道庁第二部殖民課『北海道殖民地撰定報文』明治24年3月（明治19～22年調査）、北海道庁内務部殖民課『北海道殖民地撰定第二報文』明治30年4月（明治24～28年調査）、北海道庁殖民部拓殖課『北海道殖民地撰定第三報文』明治30年9月（明治29年調査）。

北海道庁殖民課編『北海道殖民地撰定報文』（明治24年）の表紙

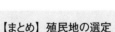

望者も的を絞って選べるじゃないですか。

ケンジ 下見とか、自分なりの下調べもしやすいですね。

関先生 そうです。それで道庁は、これまでの経験や調査をもとに、普通農家1戸分の最小区画を100間《けん》（約182メートル）×150間（約273メートル）の5町歩（約5ヘクタール）と決めます。それを6つ合わせて中画、中画9つで大区画として、だいたい300～500戸でひとつの農村となるよう設定するんです。そして農村をつくるとなれば当然市街地が必要となるので、最初から市街予定地も決めておきます。

サトミ 普通農家1戸分の5町歩、5ヘクタールって、どれくらいの広さ？

ケンジ 1ヘクタールが100×100メートルで1万平方メートル。その5倍ですね。

サトミ 数字が大きすぎてイメージできない（笑）。大通公園の広さでいうと？

ケンジ 大通公園の1丁分は、幅が道路を含めず65メートル、長さ110メートルほどだそうです。だから65×110メートルで、7150平方メートル。5町歩は、大通公園のおよそ7丁分ですね。

サトミ けっこう広かったんですねぇ。

【間】尺貫法（92頁参照）における長さの単位。1間は約1.82メートル。

【大通公園】札幌中心部を東西に貫く、長さ約1.5キロ、面積約7.8ヘクタールの特殊公園。

区画測設の測量隊が丸太橋を渡る（明治44年撮影、北海道大学附属図書館所蔵）

殖民地の測量風景（明治30年代の撮影、北海道大学附属図書館所蔵）

関先生

さて、そのように区画することを「殖民地の区画測設」と言います。「測量して「設」定するから「測設」。道庁は明治23年（1890）からこの事業に着手します。

その区画測設で作成された殖民地区画図の原図が図1-❶で、それに手を加えて発行したのが1-❷です。

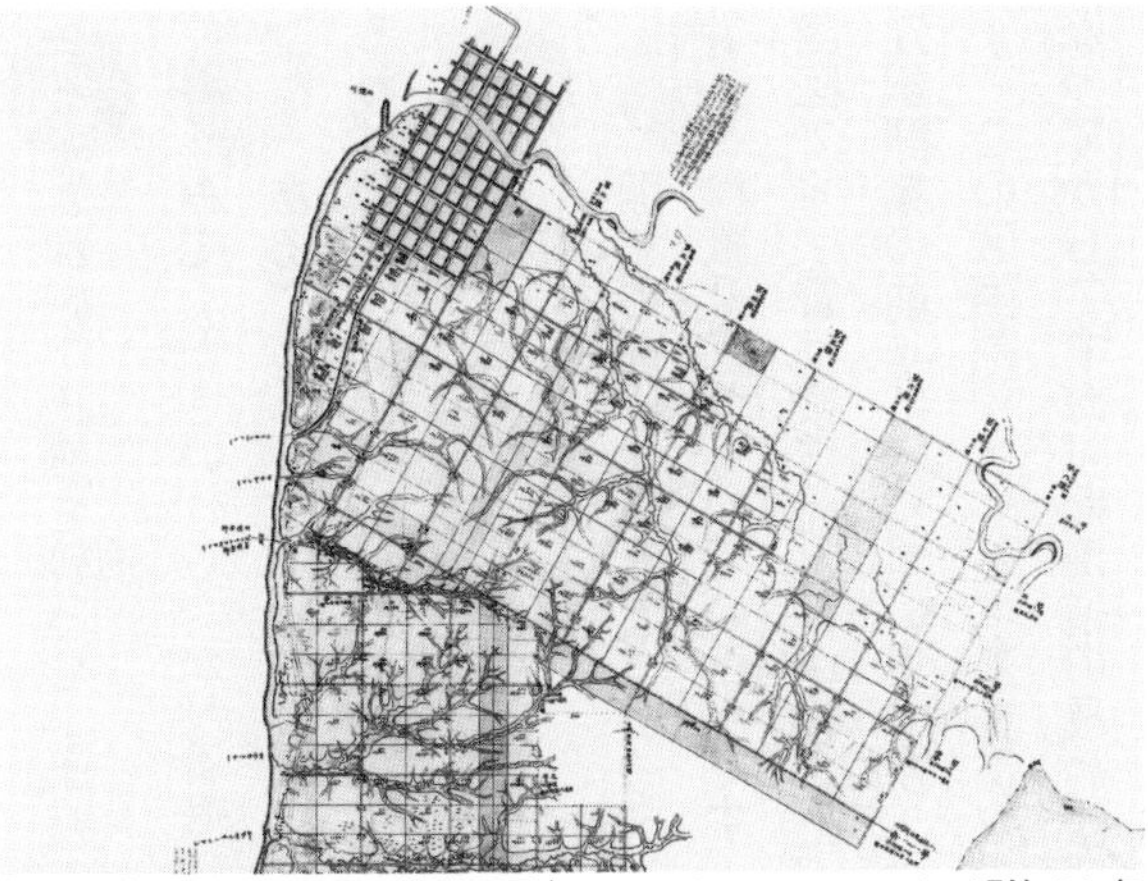

「羽幌 古丹別 原野区画地増画図」（部分、苫前・古丹別原野）。明治31年測設（北海道博物館所蔵）。図1-❶

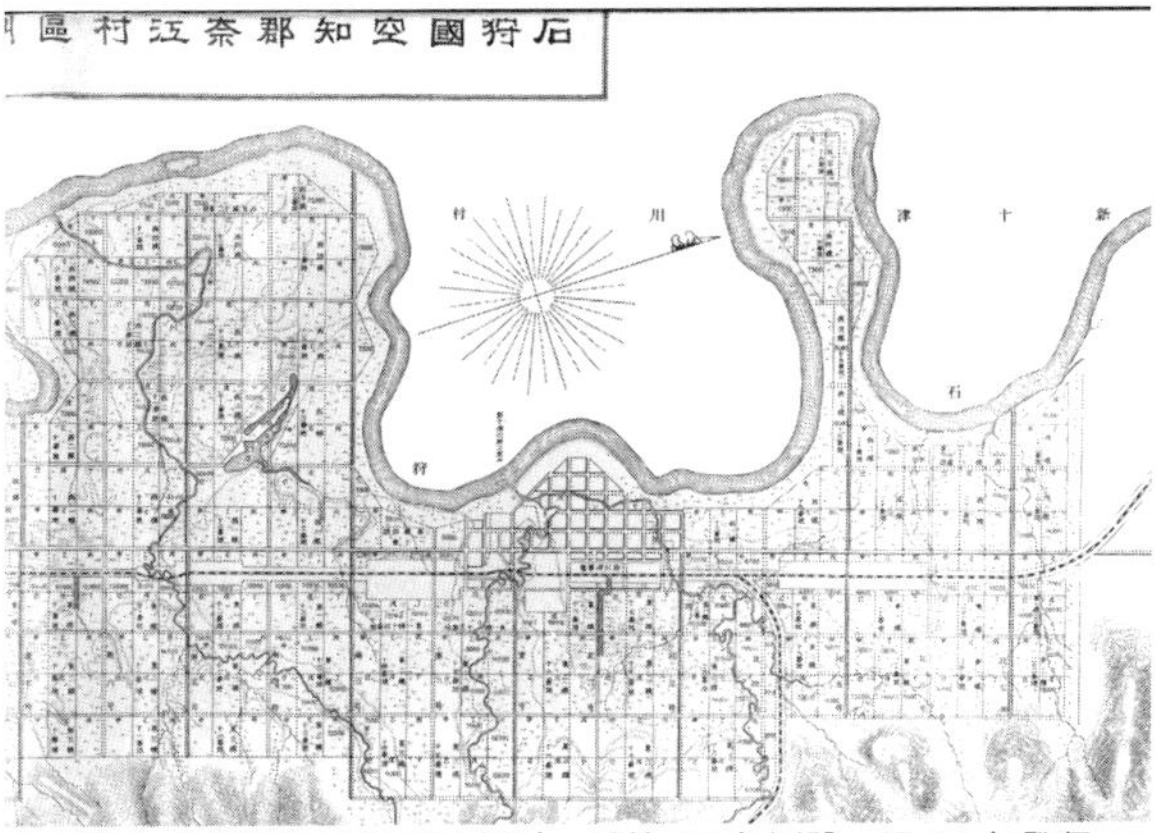

北海道庁「空知郡奈江村区画図」。明治23年測設、同26年発行（北海道大学附属図書館所蔵）。図1-❷

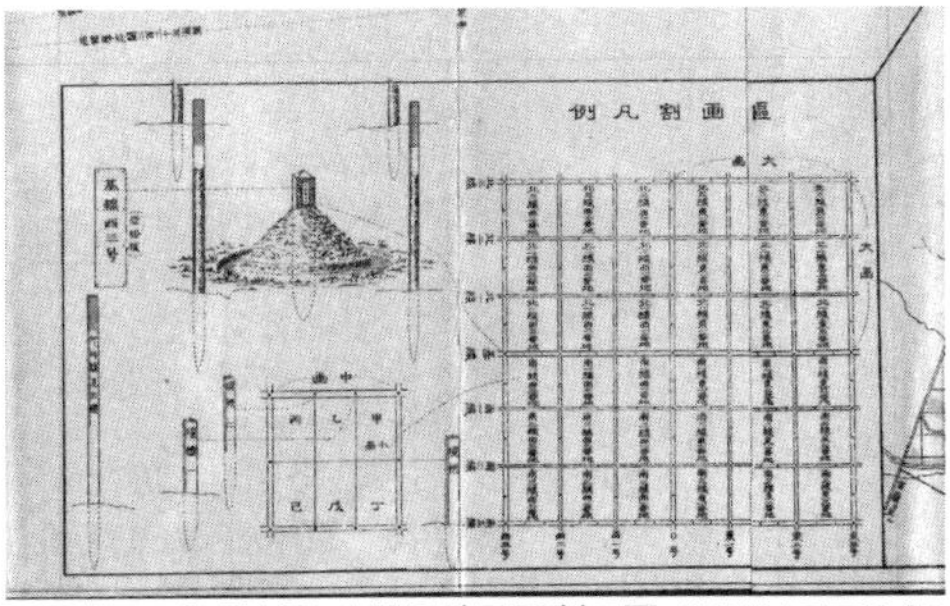

区画割りの凡例を示した殖民地区画割の図（北海道庁殖民課『第三 北海道移住案内』明治27年）

測量隊のキャンプ。場所は現在の幌延町（明治32年撮影、北海道大学附属図書館所蔵）

ケンジ　きれいな状態で残ってますね〜。

関先生　みてください。しっかり番号（地番）をひとつずつ振ってあるでしょ。すると位置が、何線何号の何番とか決まるわけです。

ケンジ　農業地帯に行くとありますよね、基線とか北何線とか。

関先生　開拓の前に決めたこういう区画が、いまの北海道の農村風景をつくっているんです。図1‐❷は奈井江の区画図です。昔は奈江村と言いました。この測量は鉄道の奈井江駅開業の前年に行っていますが、中央付近にもう市街予定地がつくられています。この区画割りをもとにできあがった農村が図1‐❸です。この写真は昭和になってからですが、北海道の農村景観はこういう原野区画によって生まれたことがよくわかりますね。

サトミ　開拓者を迎え入れるのに、いろいろな準備が必要だったんですね。

関先生　そうなんです。それで、区画割りされた未開地をどのように払い下げたかというと、まず北海道庁時代の明治19年（1886）に「北海道土地払下規則」ができます。この規則では、国有未開地の払い下げ面積は原則1人10万坪（約33町歩、33ヘクタール）以内で、ただし盛大な事業を行う場合は特例を

昭和初期撮影の開拓後の空知原野（北海道庁『新撰北海道史第四巻』昭和12年）。図1‐❸

【まとめ】殖民地の区画測設

道庁が実施した未開原野の入植地区画

明治23年に着手し、作成した「殖民地（原野）区画図」（25,000分の1）により開拓者に国有未開地を処分。昭和初期まで継続。「殖民地区画施設規程」（明治29年）。

○**殖民地区画**：**小画**（間口100間×奥行150間＝1万5000坪＝5町歩、普通農家1戸分）、**中画**＝小画6個（300間×300間＝9万坪＝30町歩）、**大画**＝中画9個（900間×900間＝81万坪＝270町歩）。300間毎に縦・横に交差する予定**区画道路**を設け、□線、△号と称す。既成道路または将来幹線道路となる線路を起点として東西、南北の両基線を設定。300〜500戸で1村を想定。予定地には、道路、排水渠敷地、風防林のほか村の中心地となる市街予定地などを設定。この規程が北海道の標準的農業経営の規模と農村景観を決定した。

認めてました。10年以内に開墾が成功すれば、1000坪に付き1円で払い下げます。その後10年間は税金（地租／地方税）を免除。ただし、開墾できなかった土地は取り上げられます。

サトミ 当時の1円って、いまの価値でいくらぐらいなのでしょうか。

関先生 いろいろな算出方法がありますが、だいたい5000～8000倍で考えたらよろしいかと思います。あくまで目安ですが、当時の米価から逆算した値です。（＊2）

サトミ 1000坪が5000～8000円！　格安ですね。

関先生 でも開墾しないとダメですから（笑）。そして明治30年（1897）には、その後の北海道開拓の基礎となる「北海道国有未開地処分法」が制定されます。この処分法の大きなポイントは、原則的に開墾、牧畜、植樹目的で土地を得たいという場合は、タダで貸し付けをして、成功後にはタダであげるんです。これを無償貸付、無償付与といいます。

ケンジ 話だけを聞くと、とってもいい法律に思えるんですけど。

サトミ いーなー。わたしもタダで土地が欲しい（笑）。

＊2　米価は年代や季節で変動し、道内でも場所によりかなり差があるが、道庁の統計書や移住案内などによると、札幌の中等白米1石（150キロ）の平均価格は明治20年代で6～9円（10キロ＝0.4～0.6円）、明治末期は15円（10キロ＝1円）前後。現在の平均的な米価を10キロ4000円とすると、ほぼこのくらいの貨幣価値と推定される。

関先生　道庁としても早く開拓したいわけです。でも開拓にはお金がかかるから、開墾した土地はタダで与えますよ、としたわけです。面積は、開墾なら１人150万坪（500町歩、500ヘクタール）以内としました。

ケンジ　前の規則の10万坪から15倍になっている！

関先生　そうです。そんな施策を10年ぐらいやったところ、たしかに未開地の貸し付けは進みました。

ケンジ　そりゃ進むでしょう。

関先生　ところが弊害がでてくるんです。資本家がタダで土地を手に入れられると北海道に目をつけて、特例を利用して大地積（広い面積）の払い下げを受けます。北海道の未開地処分が、土地投機に利用されたわけですね。

その上、実際には自分たちで直接農業をやらず、小作人を本州から移して開墾させ、小作制大農場の不在地主になる。それでも開墾するのはましな方で、開墾しないで土地を入手しようとする者が続出して問題になるんです。そんな不在地主が、北海道に集中するようになりました。

サトミ　うーん！　それはダメですね。

ケンジ　その問題はどうして表面化したのですか？

［小作人・小作農］地主から耕地を借り、小作料を払ってその土地を耕作する農民。

【まとめ】「北海道国有未開地処分法」（明治30年３月制定）
○**処分の方法**：売払・付与・交換・貸付。
○**開墾・牧畜・植樹目的の土地**：無償で貸付し、成功後に無償で付与する。
○**無償貸付の期間**：10年以内。
○**無償貸付の面積**：1人に付き、開墾150万坪（500町歩）以内、牧畜250万坪以内、植樹200万坪以内。
○**開墾成功期限**：5000坪未満3年以内、1万5000坪未満5年以内、3万坪未満6年以内、6万坪未満8年以内、10万坪未満9年以内、10万坪以上10年以内。

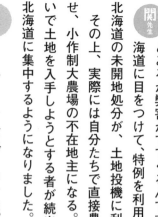

関先生 新聞が叩いたんです。当時の新聞をみると、ずいぶんいろいろな批判や提案が掲載されています。それで政府も黙っていられなくなり、それからいま言ったように大地主に利用される小作農が増えるのはよくないということで、明治41年（1908）に改正することになりました。改正のポイントは、まず大地積の無償付与を廃止します。タダで広い面積を与えるということは止めて、大地積は有償で売り払うことにしました。

ケンジ 貸し付けをしないで、最初から売ってしまう。

関先生 そう。その上、開拓の成功検査に不合格だった場合は売り払いを解消。売り払っても、検査は一応するわけです。

ケンジ では、買ったのに検査不合格で取り上げられる場合もあるんですね。

関先生 そうそう。開拓するという名目で売り払うわけですから。

サトミ ほったらかしているような人はダメですよと。

関先生 ところが、これがまたルーズで（笑）。昭和になって、払い下げて開拓したことになっているけれど、未開の土地がけっこうあることが判明するんです。

それはさておき、この改正で一般の農民、本書の主役となる開拓農民に関係してくるのが「特定地貸付制度」です。これは自作農の移住を促進するために、いろい

［自作農］自分の土地を自分で耕作、経営する農家。

ろと便宜を図ろうというもので、自分で耕作することを目的とした移住者のために区域を限って「特定地」とし、普通の農地と別な扱いをしました。

まず面積は1戸につき10町歩となっていますが、普通は5町歩を無償で貸し付けて、5年以内に開墾に成功したら無償で与えます。これは前と同じ無償貸付・無償付与ですね。さらに10年間は土地に税金はかけない、地方税もとらない。

ケンジ　つまり開拓農民は、5町歩（5ヘクタール）を5年で開墾すれば、その土地をタダで貰えるわけですね。

関先生　そうです。また、自作農の定着を図るためには個人がバラバラで来るより、まとまって来た方が成功率の高いことが、経験的にわかっていました。だから、団体移住の場合はさらに特例を設けます。団体で入植する場合は、団体の戸数分をひとつの地域にまとめて用意するのです。

団体移住はだいたい3年計画で、初年度に何戸、2年目に何戸、3年目に何戸と入って全戸が揃います。だから、3年目に入る人の土地も、初年度から同じ地

【まとめ】「北海道国有未開地処分法」（明治 41 年 4 月改正）

○**前処分法の弊害**：大地積の無償処分（資本家優遇）→土地投機・不在地主の大土地所有（集中）、小作農の増加。

○**改正の重点**：大地積無償付与の廃止、自作農移住者の保護。

○**大地積売払制度**：農耕地、牧畜・植樹地、宅地、海産干場、放牧地は売り払いが原則。売り払い地の面積は 1 人に付き、耕作 500 町歩以下、牧畜・植樹 800 町歩以下、その他・特定地 10 町歩以下、会社・組合等はこれらの 5 倍まで。

○**事業（開拓）成功期限**：10 年以内（面積の大小により差あり）。成功検査不合格の場合は売り払い取り消し。

○**売り払い価格**：1 町歩に付き、耕作 4 円 50 銭、牧畜 3 円、植樹 1 円 50 銭。

○**特定地貸付制度**：自ら耕作を目的とした移住者のために、一定の区域を限り特定地を設定し、1 戸に付き 10 町歩（普通 5 町歩）を無償貸付し、5 年以内に成功すると無償付与。対象者は「**北海道移住民規則**」による団結移住者、耕作を目的とする新移住者、耕作を目的として移住し、いまだ所有地・貸付地・小作地を得ない者、これらの土地が少なく生計困難な者。成功後 10 年間は地租・地方税免除。

****

【まとめ】団結移住の奨励と貸付地予定存置制度

◆明治 25 年 12 月、道庁「団結移住ニ関スル要領」「移住規約ノ要領」制定。府県庁が堅実と認めた 30 戸以上の団結移住者に対し、事前に 1 戸に付き 5 町歩の**貸付予定地**を総戸数分まとめて存置（設定）。

◆明治 26 年 2 月、「**団結移住者規約標準**」制定。移住戸数 **30 戸**以上、移住期間 **3 年**以内。

◆明治 30 年 4 月、拓殖務省「**北海道移住民規則**」制定。移住戸数 **20 戸**以上。

◆明治 41 年 6 月、「**北海道移住民規則**」改正。移住戸数 **10 戸**以上、移住期間 **1 年**以内。

区に用意するということです。「貸付地予定在置制度」と言って、これは明治26年（1893）から実施されていました。

サトミ これはさっきの特定地とはまた違う？

関先生 場所は区画地内で、明治41年（1908）から区画地内に設けられた特定地になりました。特定地の制度と合わせて、団体移住を促進するための制度ですね。

ケンジ 聞いていると、農家のことを考えたとてもいい制度かと。

関先生 そうです。そうしないと人が来ないし、入っても失敗して逃げてしまうから。ここまでに、いろいろな成功失敗を繰り返して学んできたわけです。

ケンジ ではこの改正法で、開拓の土地制度が完成されたわけですね。

関先生 そう。この制度がずっとあとまで続きます。このように道庁時代になって、開拓適地の調査、区画割り、そして法改正と、開拓者を受け入れる準備が整っていきました。

どんな人が北海道に移住してきたの？

関先生 開拓の話に入る前に押さえておきたい政策や制度に触れましたが、次はどんな人たちが北海道に来たのか、なぜ移住を選んだのか、そのあたりの話もしておきましょう。

ケンジ まだ、開拓前のお話ですね。

関先生 基本的に移住という歴史的な現象は、出身地側の押し出す要因と、移住先である受け入れ側（北海道）の要因とがあって、両方が結びついたときに初めて起きます。これらの要因は時代によって変わりますので、その時々で移住の実態も違ってきます。横道にそれますが、歴史的に津軽海峡が文化圏の境になったことは一度もないんです。意外に思われるかもしれませんが。

サトミ えーっ、そうなんですか？

関先生 先史時代から、津軽海峡の北と南はほとんど同じ文化圏です。

サトミ そんな大昔から交流があったんだ。海峡を渡ることは、難しくなかったんですか？

関先生 津軽海峡は我々が思うほど、障害ではなかった。だから津軽海峡のことを、「しょっぱい川」と言ったりしますね。

ケンジ　たしかに、対岸がみえるぐらいですから。

関先生　さて、じゃあ明治の開拓期にはどんな人たちが移住してきたのか、まずは移民の種類からみていきましょう。分類の仕方は、基準の考え方で変わってくるのですが、ひとつは「保護移民」と「自費移民」という分け方があります。

保護移民は国や諸藩の保護のもとに移住した人々です。主に幕末から明治中期くらいまで行われましたが、その後、国は移民保護をあまりやりません。というのも、保護をしなくても移民の数がどんどん増えていきましたので。ところが、大正末から道東・道北地方に開拓者を入れるようになると、自然条件が厳しいので保護をしないと人が来ないし開拓も進まない。それで「許可移民」と呼ぶ保護移民の制度を再開しました。

保護の内容は、移住の旅費、小屋掛料、開墾料、農具、種子、家具、食料など。その内容は多様で、質も量も移民の種類や時代によってずいぶん違います。

ケンジ　けっこう手厚い保護ですね。

関先生　手厚くしないと移民を得られなかったということです。お金がかかっても開拓をしなければならないという、国側の必要性がありました。

そして、自分たちの力でやってくるのが自費移民、一般の移民ですね。これは主に明治中期以降です。

北海道庁の自作農移住者一千戸募集ポスター（昭和初期）

ケンジ 北海道側の受け入れ態勢ができてから。

関先生 そうです。あとは「団体移住」と「単独移住」という分け方もあります。言葉のとおり団体で移住してくる場合と、個人で移住してくる場合ですね。数は、単独移住の方が多いです。ですが、北海道の各地域の開拓に果たした役割からいうと、団体移住の方が圧倒的に大きかった。なぜかというと、ひとつの地域からまとまって来ているので団結力が強かったのと、本州の風俗・習慣を開拓地に持ち込んでいて、それがのちの地域の特性に影響を与えたからです。

ちなみに団体移住は何戸から「団体」なのかというと、明治26年（1893）に団体移住の制度が始まったときは30戸でした。ところが明治30年（1897）に20戸に減らし、最終的に明治41年（1908）には10戸としています。戸数の少ない方が団体をつくりやすいから。

サトミ たしかに、10戸だったら親戚だけでもまかなえそう。

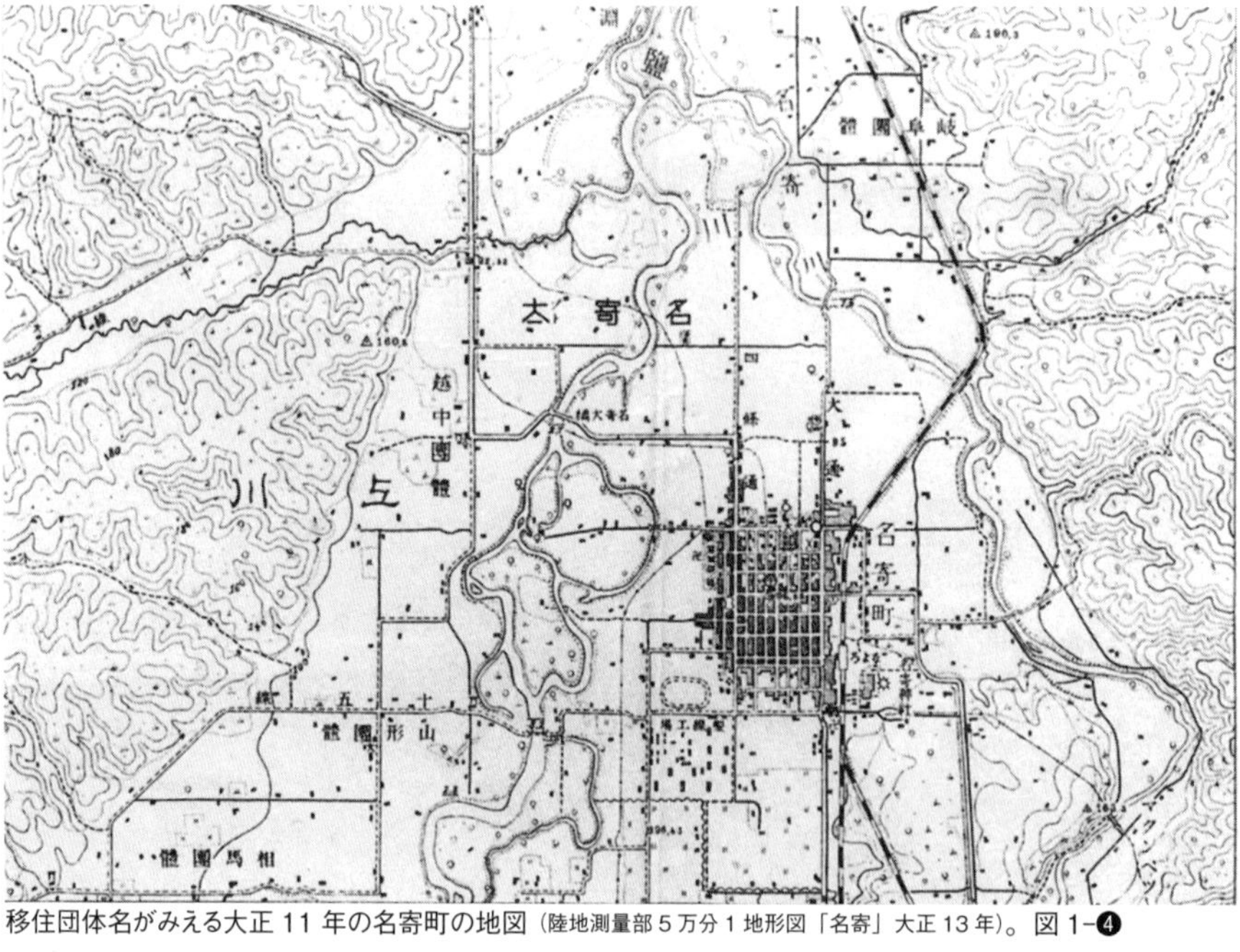

移住団体名がみえる大正 11 年の名寄町の地図（陸地測量部 5 万分 1 地形図「名寄」大正 13 年）。図 1-❹

関先生 **図1－❹は大正末期の5万分の1の地形図ですが、岐阜団体とか山形団体という地名がみえます。このように区画されたところに団体移民が入ります。そうすると、地名もその団体名で呼ぶわけです。**

サトミ 団体の名前がそのまま地名になる？

関先生 **そう。これは名寄の地形図ですが、岐阜や山形のほかに、福島県相馬から来た相馬団体、富山県からの越中団体などがありますね。大正から昭和の初めごろの地図には、いたるところにこの団体の地名がみられます。**

ケンジ いまはあまり聞かない地名です。

関先生 **昭和3年（1928）から10年代にかけて北海道庁が大規模な字名改正事業をやるのですが、そのときにほとんど新しい字名に変わっています。**

サトミ 長沼町には、加賀団体っていう地名がまだありますよね。

関先生 **それは珍しい。「団体」をとって、ただ「加賀」とか「香川」とかにしている場合はありますが。**

サトミ 団体の名前をみていると、本当に全国各地から入ってきたことがわかります。わかりやすいですよね。

ケンジ 同じ地名だったら親戚がいるかもって（笑）。自分の出自、ルーツが地名になっているわけだから。

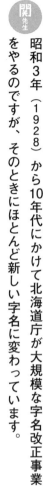

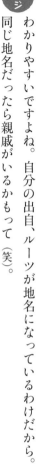

関先生 そうですね（笑）。それから「士族移民」と「平民移民」という分類もできます。士族移民は明治前半に、明治維新で失業した士族の保護（授産）と開拓を結び付けた政策として行われました。

有名なのは人数も入植場所も多い仙台藩士ですね。藩内の亘理《わたり》（現亘理町）から有珠郡（現伊達市）に、岩出山（現大崎市）から当別に、白石（現白石市）からは幌別郡（現登別市）や札幌市の白石、手稲に入っています。

そのほか明治15年（1882）から19年（1886）初めの三県一局時代に、各県と国が協同で各地の失業士族を政府の資金で移住させた例もありました。それで山形県（旧庄内藩）から木古内、山口県（旧山口藩）から岩見沢、鳥取県（旧鳥取藩）から岩見沢と釧路に入っています。でも、数でいえば移民の大部分は平民移民です。

サトミ よく先祖は武士なんて言う人がいますけど、怪しいかも（笑）。

関先生 あと、北海道の開拓といえば屯田兵、これも移民の一種です。屯田兵は国の軍隊ですから、土地も住居も家具も農具も、すべて国が支給します。食料の支給は原則として最初の3年間で、そのほか移住費として支度料や旅費も与えられました。

ケンジ 屯田兵はずいぶん恵まれていますね。うらやましい。

関先生 そうですね。開拓の苦労は共通しているけれど、一般の農民とはやはり違います。

［士族移民］士族とは明治初期、旧武士階級に与えられた族称。華族と平民の中間。その士族の北海道移住者のこと。66頁参照。

明治初期の旧仙台藩伊達邦成主従の有珠郡開拓を描いた図（昭和初期、小野潭作、だて歴史文化ミュージアム所蔵）。［小野 潭開拓歴史画保存会編・発行『伊達開拓歴史画 小野潭遺作集 樹海を拓く』（2015年）より］

［三県一局時代］開拓使廃止後、函館県・札幌県・根室県の「三県」と、農商務省北海道事業管理局の「一局」が設置されていた時代のこと。

［屯田兵］100頁参照。

サトミ なんだか、プライドも高そうですね。

関先生 そうですね。特に士族屯田は、士族の家から嫁をもらうとか、同郷のもの同士を結婚させるとか、出自に誇りを持っていました。

それからもうひとつの分類は職業です。農業、漁業、商工業と職業別に分ける考え方ですね。明治の半ばまでは漁業移民が多かったのですが、以降は農業移民が圧倒的に多くなります。時代によって割合は違いますが、半数以上は農業移民です。

移住の理由や動機って？

関先生 では、なぜ彼らは北海道に来たのか。移住の動機をみてみますと、一般的には貧困と北海道への期待がありました。本州では明治20年前後から、明治政府の経済政策や土地政策の影響がいろいろと出てきます。例えば農村は、江戸時代まで自給自足体制でした。それが明治政府の地租改正で、それまでお米で納めていた年貢を、地価に応じた地租、お金で払わなければならなくなった。否応なしに農村も貨幣経済に変わっていくのですが、その過程で、土地を持つ地主階級と、時代の変化についていけず土地を失った小作農との格差が、はっきりとでてきます。

その土地を失った貧農が、その後どんな道のりを歩んだのか。農村に残って小作人になる、農村を離れて土木・建設現場で働く、大阪や東京などの都市部に流れ込むなど、いろいろな道がありましたが、そのひとつに北海道開拓、北海道移住があっ

［士族屯田］士族出身の屯田兵。

琴似屯田兵村（明治７年撮影、北海道大学附属図書館所蔵）

琴似村に入植した屯田兵（明治８年撮影、北海道大学附属図書館所蔵）

たわけです。

ケンジ 例えば小作農で、子供が5人ぐらいいて、7〜8人で暮らそうと思っても、地元には限られた土地しかないから、食べていけないと。

関先生 元々の土地が広いなら分ければいいけど、その土地がないわけだから。次男、三男はどうするのか。村を出るしかないわけですよ。

サトミ いわゆる、口減らしですね。

関先生 そう。特に明治後半から大正時代になると日本の人口過剰が問題になってきます。そこで人口の受け皿としても、北海道が期待されたわけです。

一般的な移住の動機はそういうところですが、直接的なきっかけもあります。一番多いのはやはり自然災害。なかでも水害、それから冷害です。明治の半ばまで東北地方はだいたい3〜5年に1回は不作、10年に1回くらいは凶作です。それがきっかけとなって北海道に来る。そのほかに、もう少し明るい動機もあって、例えばキリスト教などの宗教団体が、自分たちの理想郷をつくるべく北海道にやって来る、そんな例もあります。仏教では浄土真宗が古くから北海道開拓に力を入れていて、農場をつくってそこに信者を入れたりもしました。

サトミ 手つかずの北海道にユートピアを建設する。何だか夢がありますね。

［地租改正］明治6年（1873）に明治政府が行った、土地を対象とする租税制度改革のこと。土地の所有者に地券を発行し、定額の租税を課した。これにより米から現金による納税へと変わった。

［浄土真宗］鎌倉時代に誕生した仏教宗派のひとつ。阿弥陀仏の万人救済による成仏を信心する絶対他力の教えが特徴。

関先生　そうですね。このように、北海道移住の根本的な理由には、間違いなく貧しさがありました。明治維新で本州の社会が大きく変わって、貧しい階層が増えた。これはネガティブな理由ですが、その一方で北海道に対する期待というか、新天地で新しい生活を切り開いていこうという積極的な気持ち、その両方があったわけです。

ケンジ　どちらにしろ、北海道移住は人生を一変させる大決断ですよ。その勇気はスゴイと思います。

関先生　それと、開拓の話をする上で、忘れてはならないことがあります。北海道には元々、先住民族のアイヌの人々が住んでいました。それが、移住によって和人が増え、さらには国の同化政策もあって、開拓の過程で彼らの生活基盤や伝統的な文化を壊してしまった。世論も和人が主導する形になったのですが、だからといって、アイヌの歴史や文化をないがしろにしてはいけません（38頁参照）。

いま、近代の先住民族に対する政策を見直して反省しようという動きが、世界的にも大きなうねりになっています。白老町に「ウポポイ（民族共生象徴空間）」ができたのも、その大きな流れの中でのことです。

［ウポポイ（民族共生象徴空間）］2020年7月、アイヌ文化の復興・発展の拠点として白老町に開業したナショナルセンター。

関先生のこぼれ話❶

休み時間

北海道開拓とアイヌ民族の移住

北海道への移住について、和人の農業開拓移民とは違う話をひとつ。領土問題によるアイヌの人々の移住です。

幕末の安政元年（1855）12月に、幕府とロシアは和親条約を結びますが、国境線をどこに引くのかが問題でした。ロシアと接していたのは千島（クリル）列島と樺太（サハリン）で、同条約では千島列島は国後・択捉島までを日本、それ以北はロシア領とします。問題は樺太で、幕末の交渉ではまとまらず、国境線を引かずに日本人とロシア人の雑居としました。

明治政府も当初、ロシアに樺太は譲れないという姿勢だったのですが、北海道開拓を進めるだけでも非常に大変なことがわかり、結局、樺太はロシアに譲ることとし、一方ロシアは千島全島を日本へ譲ることになりました。

こうして明治8年（1875)、樺太・千島交換条約が締結され、領土問題は解決したのですが、ロシア領になる南樺太には日本人の漁場で働いていたアイヌの人たちが多くいました。もし彼らが、日本国籍を希望すれば、樺太から出て行かなければなりません。一部の人たちが樺太に近い宗谷地方への移住を希望したのですが、宗谷だと樺太が目の前で行き来が容易にでき、それが国際問題になるやもと、強制的にいまの江別市内の対雁に移住させます。

その後、彼らは不慣れな環境の中で困難な暮らしを強いられ、コレラや天然痘により多数の犠牲者を出し、日露戦争（1904～05）後、南樺太が日本領になると、多くの人が帰還しました。

また、千島列島は北まで距離が長く、北端の占守《しゅむしゅ》島に住んでいる先住民族に目が届かない。そこで政府は同島の住民を、南千島の色丹《しこたん》島に移住させました。

そのほかにも、和人の移住や開拓で、住んでいた土地を追われたアイヌの人たちが多くいました。新十津川村への移民（55頁参照）のときも、先住のアイヌの人たちを新しく設定した区画地に移したりしています。上川地方のアイヌの人たちを、近文に設けたアイヌ給与予定地に集めたりもしました。そのような事例はほかにも多くあります。このように新しい開拓地を区画すると、アイヌの人たちが移らなければならない場合がありました。和人移住や開拓には、先住民族のアイヌの人々の犠牲があったことも忘れてはいけません。

2時限目

いざ、新天地の北海道へ！

- 移住したい人は、どうやって北海道の情報を手に入れたの？
- どこの開拓地に入るのか選べたの？
- 故郷から入植地まで、どうやって移動したの？
- 移住費用って、どれくらいかかったんだろう？

移住したい人は、どうやって北海道の情報を手に入れたの？

関先生 ではいよいよ、実際の開拓・移住の話に入っていきましょう。

ケンジ さっそくですが質問です！　まず「移住開拓がしたい」となったら、いろいろな情報が必要ですよね？　北海道がどんなところかもわからないですし、どう申し込むのか、開拓っていったい何をするのか。そんな情報を、電話もテレビもネットもない時代に、どうやって手に入れたのでしょうか？

関先生 まず、明治時代は全国的に北海道開拓・北海道移住がブームになっていたというのが背景にあります。これは国の政策としていろいろとPRしたこともあったのですが、各府県の新聞にも北海道関係の記事がたくさん載っていました（図2-❶）。

サトミ 国家的なプロジェクトですからね。

関先生 そう。時期によって多少波はありますが、明治期は北海道に対する関心が一般的に高かった時代です。特に生活に困っている人とか、国の政策に便乗して一旗揚げようという資本家とか。

ケンジ 国の政策、貧しい農民が自作農になる夢、資本家の金儲け目的の投機と、それぞれの思惑がブームを呼んだわけですね。

［自作農］27頁参照。

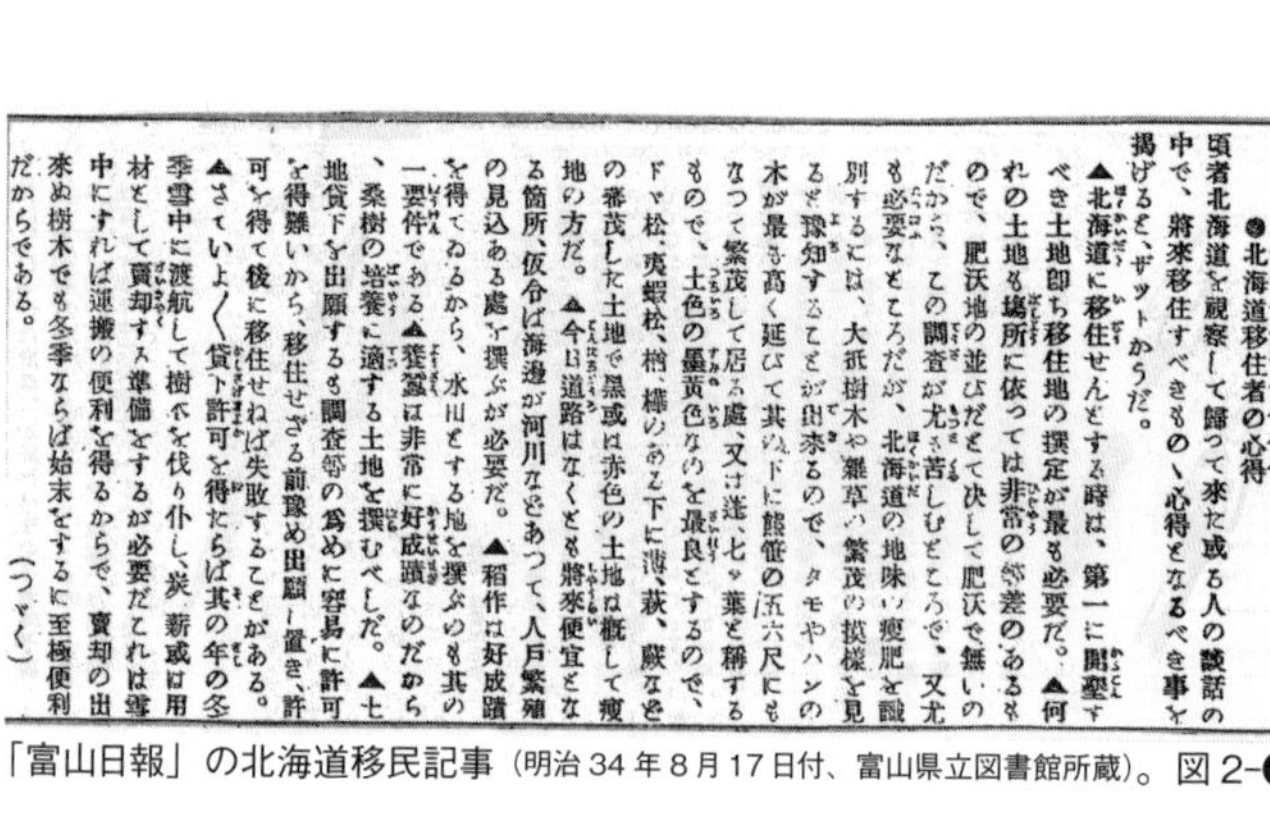
●北海道移住者の心得

頃者北海道を視察して歸つて來た或る人の談話の中で、將來移住すべきもの、心得となるべき事を掲げると、ザツトかうだ。

▲北海道に移住せんとする時は、第一に開墾すべき土地即ち移住地の撰定が最も必要だ。▲何れの土地も場所に依つては非常の等差のあるもので、肥沃地の並びだとて決して肥沃で無いのだから、この調査が尤も苦しむところで、又尤も必要なところだが、北海道の地味の瘦肥を識別するには、大抵樹木や雜草の繁茂の摸樣を見るを豫知することが出來るので、タモやハンの木が最も高く延びて其の下に熊笹の五六尺にもなつて繁茂して居る處、又は蓬、七ヶ葉と稱するもので、土色の墨黄色なのを最良とするので、トヾ松、蝦夷松、楢、樺のある下に薄、萩、蕨などの繁茂した土地で黒或は赤色の土地は概して瘦地の方だ。▲今日道路はなくとも將來便宜となる箇所、假令ば海邊か河川などあつて、人戸繁殖の見込ある處を撰ぶが必要だ。▲稻作は好成績を得てゐるから、水田とする地を撰ぶのも其の一要件である▲養蠶は非常に好成績なのだから、桑樹の培養に適する土地を撰むべしだ。▲土地貸下を出願するも調査等の爲めに容易に許可を得難いから、移住せざる前豫め出願し置き、許可を得て後に移住せねば失敗することがある。▲さていよ〳〵貸下許可を得たらば其の年の冬季雪中に渡航して樹木を伐り仆し、炭、薪或は用材として賣却する準備をするが必要だこれは雪中にすれば運搬の便利を得るからで、賣却の出來ぬ樹木でも冬季ならば始末をするに至極便利だからである。（つゞく）

「富山日報」の北海道移民記事（明治34年8月17日付、富山県立図書館所蔵）。図2-❶

関先生 それで情報ですが、新聞の記事のほかに、具体的な移住や開拓の情報を一番手っ取り早く手に入れられたのが、道庁の出版物なんです。『北海道農業手引草』に『北海道移住問答』『北海道移住案内』『北海道移民必携』『北海道土地処分案内』『北海道移住手引草』と、いろいろありました（左図）。

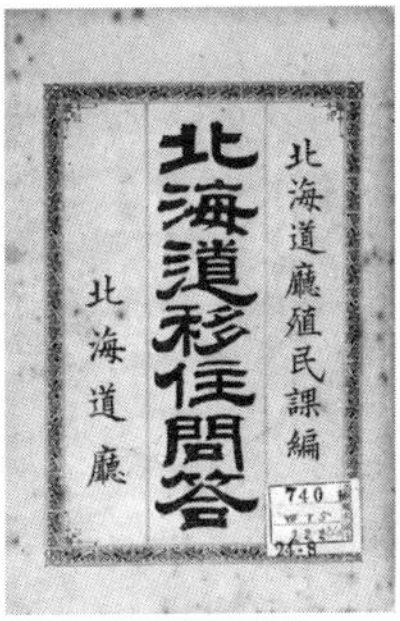

『北海道移住問答』
（明治 24 年）

『第四 北海道移住案内』
（明治 27 年）

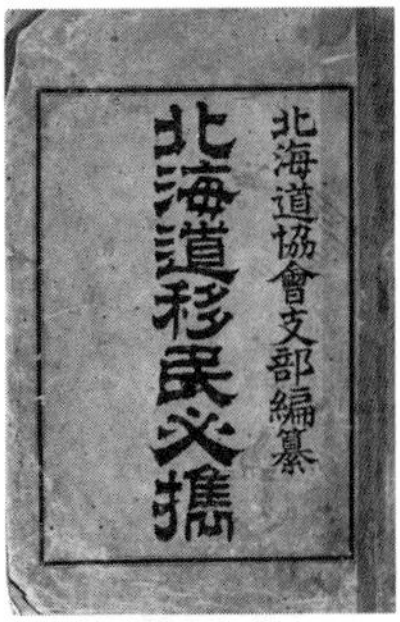

『北海道移民必携』
（明治 29 年）

『北海道移住手引草』の左から第 3・5・11・12 号（明治 35 ～ 44 年）

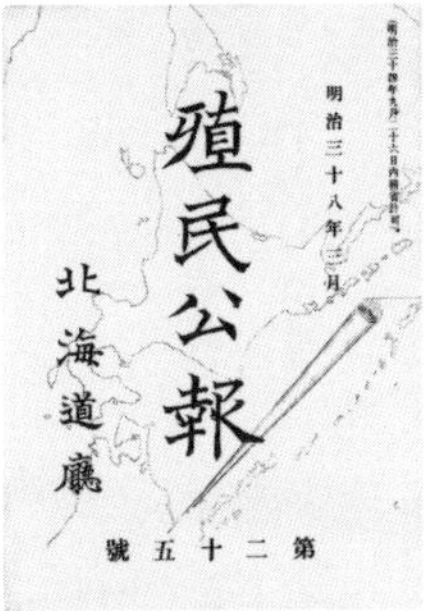

『殖民公報 第二十五号』
（明治 38 年）。図 2-❻

『移住者成績調査 第一篇』（明治 39 年）

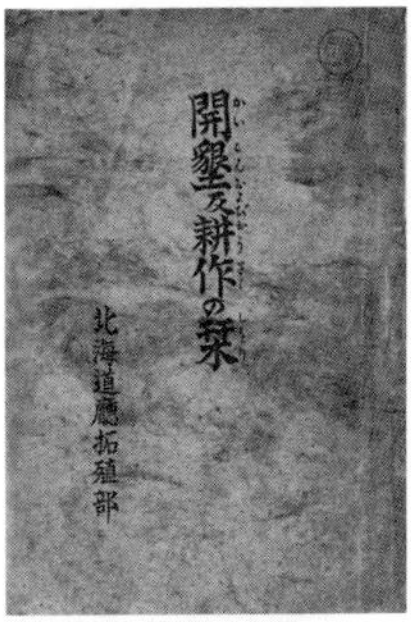

『開墾及耕作の栞』
（大正 3 年増補再販）

サトミ　こんなにたくさん！　どんな内容なんですか？

関先生　ものによって違いますが、移住に際しての心得や持ち物、いくらぐらいの所持金が必要だとかね。移住者を誘うわけですから、わかりやすく書いてはいます。

ケンジ　これは売っていたのですか？

関先生　安く販売していました。

ケンジ　無料で配布していたんじゃないんだ。強気ですね〜。

サトミ　いまでいうガイドブックやパンフレットみたいな感じかな？

関先生　例えば『北海道移民必携』や『北海道移住問答』などは、非常に具体的な内容です。一番発行部数が多いのは、こういう折りたたみ式のもの（図2－❷）。開くと一面に北海道地図（図2－❸）と、一般の開拓者に払い下げをしている原野の区画図があって、今年はここを払い下げていますよ、と。

もう一面には、本州から北海道に来るまでの道筋、航路とか鉄道、それから運賃（図2－❹）ですね。そのほかに、移住や開墾についてのいろいろな心掛けとか移住・開拓の手続きなどの説明もあります。経費はどれくらいかかるかとか、持ち物とか。

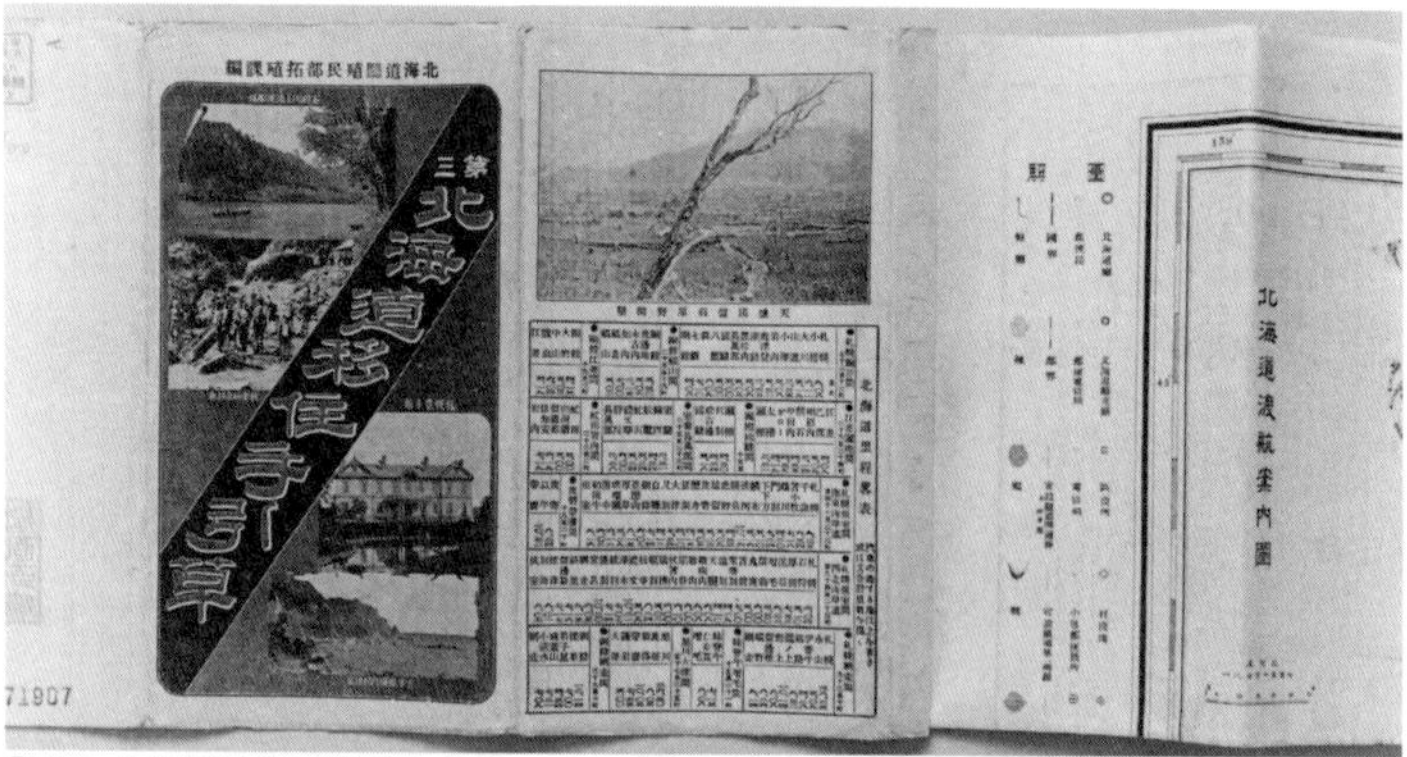

『第三 北海道移住手引草』（明治35年）。図2–❷

サトミ 旅行ガイドみたい（笑）。

ケンジ 本当。まさに現代でいうガイドブックだ。

関先生 おもしろいでしょ。道庁が制作しているから、希望を与えるよう楽観的に書いてある部分もありますが、でも一番、道内各地の開拓の実態や現場を知っているのは道庁の担当官なんです。だから、そういう経験をもとに、わりと正確に書かれています。というのも、美辞麗句を並べて北海道に連れて来たとしても、失敗したら結局何にもならない。前に来た人がこういう失敗をしているからこれは気をつけたほうがいい、とか、そういう部分まで書いてありますよ。

サトミ 単純に人を呼び込もうとしたわけではないんですね。

関先生 そう。やはり効果を上げないと意味がないですから。人が来ただけでは、開拓は進まない。

サトミ これはどこで売っていたんですか？　書店？

関先生 現代のように書店がたくさんあるわけじゃないのですが、大きな町の書店では販売していました。それから、各県に移民の取り扱い事務所のようなところがありまして。

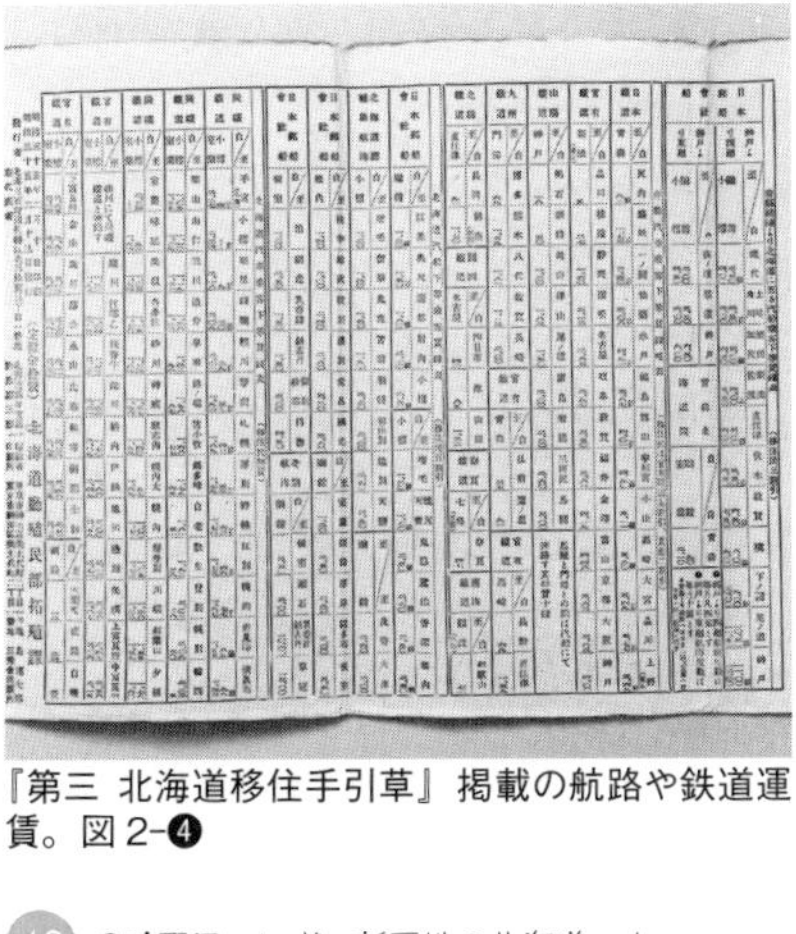

『第三 北海道移住手引草』掲載の航路や鉄道運賃。図 2-❹

『第三 北海道移住手引草』掲載の北海道図。図 2-❸

サトミ 移住相談窓口のような？

関先生 そうです。だいたい県庁とか郡役所、警察署にあって、そういうところで入手方法を知ることができました。また、そこでは手続きをすると、北海道移住時に利用できる汽車や汽船などの割引券（図2-❺）も手に入ったんです。会社によって違うけど、だいたい半額ぐらいになりました。

サトミ 国家プロジェクトだから、公共的なところも協力してくれるんですね。

ケンジ この冊子は改訂版という形で、どんどん新しくなるのですか？

関先生 これは毎年刊行していました。折りたたみ式の『北海道移住手引草』などは明治30年代の初めから、結局いつまで出していたのか正確にはわかりませんが、ぼくが持っているもので一番新しいのは昭和14年（1939）刊行です。もっとしっかりした移住・開拓関係の情報誌では、道庁が明治34年（1901）から大正10年（1921）まで隔月で出していた『殖民公報』という雑誌もありました（図2-❻）。

サトミ 明治30年代以降は、こういう本や冊子で情報を手に入れたのはわかりましたが、その前はどうしていたんですか？

関先生 明治の初めは、移住者もまだ数が限られていました。一番わかりやすいのは屯田兵ですが、あれは国が募集する兵士なので、情報は比較的容易に入手で

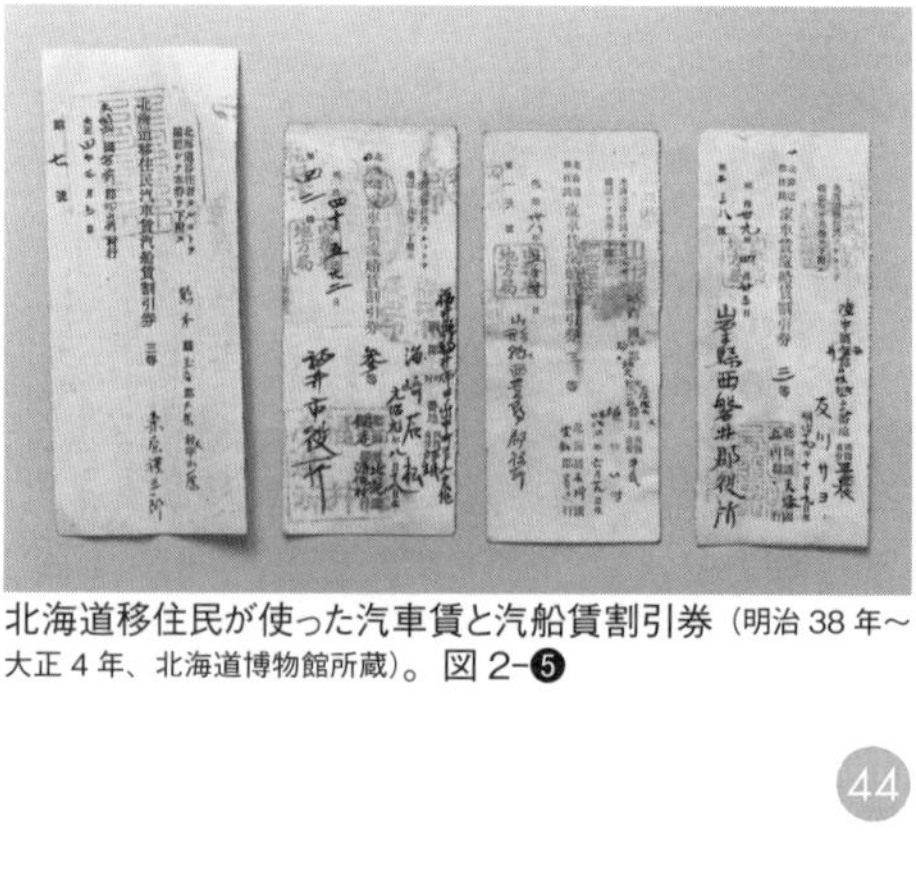

北海道移住民が使った汽車賃と汽船賃割引券（明治38年～大正4年、北海道博物館所蔵）。図2-❺

［郡役所］ 明治11年（1878）制定の郡区町村編制法に基づいて設置された郡の行政官庁。北海道では明治30年（1897）、北海道庁の支庁設置により廃止。

［屯田兵］ 100頁参照。

きました。明治初期は失業士族など、どうしても北海道に移住せざるを得なかった人たちが開拓の主流でした。

ケンジ　じゃあそのころの移民は、旧藩主からの命令というかやむを得ず来るわけなので、こんなガイド的な本は一切ないわけですね。

関先生　そんな本はない時代です。開拓使の保護移民は、担当官が本州に出かけて募集しました。失業した士族たちの生活をどうにかしなければいけないというところに、国が北海道開拓をやる、そのために広大な土地をタダで払い下げる、ケースによっては間接的な保護もあるようだと、情報が入ってくるわけです。それで旧藩の家老（重役）クラスがリーダーになって、北海道開拓に乗り出しました。

サトミ　明治初期は、普通の農民が自由に北海道に来る、という時期ではなかったのですね。

関先生　そうです。ただね、なかには開拓使の移民政策に応じて移住し、成功した士族以外の開拓者もいて、その情報が周辺の農民にも入ってくるわけです。それで北海道開拓に希望を持つような空気が醸成されるというか、そういうムードが少しずつできてくる。

そこから明治19年（1886）に北海道庁が設置されて、道庁が全力で移民開拓政策を進めるようになります。そのために、こういう本や冊子がつくられるようになったのです。

ケンジ　なるほど。きっと『北海道移住問答』の問答も、前段階にそういう士族移民の経験があって、それをまとめたんですね。それを一般の開拓移民が読んで参考にすると。

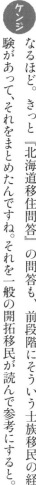

関先生　そうそう。いきなりできるものではないです。

サトミ　トライ&エラーがないと、問答も作れない。

関先生　本州の社会変化によって明治20年代から移民が増え始めるわけですが、受け入れ側だってすぐに対応できたわけじゃなくて、国もいろいろな面で失敗を繰り返してきたんです。例えば、士族移民みたいにポツンポツンと開拓団を入れるのなら、その場その場の対応で済むけれど、大量に全道各地へ入れるとなると、開拓地である各原野の状況をきちんと把握しなければいけないでしょ。

サトミ　道庁がわからないなら、誰もわからない。

関先生　それで、前に話しましたが、道庁はまず北海道を調査して詳しい地形図をつくる。地形図だけじゃなく開拓に適した原野の測量図も作成する（23頁参照）。それでどんどんPRして、「じゃあ行きたいけど、どこにどんな開拓適地があるの?」となった場合、地図とか調査報告書があれば対応できるじゃないですか。こんなところどうですか?って。

サトミ　いまの新興住宅地を販売する不動産屋さんみたいですね（笑）。

関先生　それと手順は同じですよ（笑）。実態は違うけれど手順は同じ。だけど明治の初めは、そういう組織的なところまでまだいってないんです。

[士族移民]　士族の北海道移住者。34・66頁参照。

ケンジ じゃあ最初は、旧藩士たちの保護移民の集落みたいなのがまずあって、そのあとに本格的な農業移民が入ってくるわけですね。

関先生 そうです。それでその農業移民たちが、開墾が少し落ち着いたら故郷とやり取りをするわけ。自分の土地が手に入ったと。冷害や水害で辛い思いもするけれど、それでも自分の土地を持ててよかったと。

サトミ それは手紙で？

関先生 そう。一般の農村のお年寄り、農民たちは、文字を書けない人が多かったのですが、でも国許《くにもと》（郷里）に様子を知らせなければならないときは、近所の読み書きのできる人に代筆してもらって、たどたどしいかな書きで手紙を送ったりしています。実際は大変なのでしょうが、元気だから安心しろと。だからむしろ、そういう親類縁者とか知人の成功例を聞いて、じゃあ行こうかと決心する場合が多かったようです。

ケンジ そうですよね。知っている人からの「頑張れば何とかなる」という話は、どんな情報よりも説得力がありますよ。

サトミ 故郷にいても、前途は決して明るくないんだもの。

関先生 それで、北海道で成功したとなると村の評判になるわけです。そうすると、残っている人たちの夢がまた膨らむ。

ケンジ　じゃあ俺らも！って。

サトミ　そのころから、北海道は憧れの土地だったのか〜。

関先生　**明治時代から大正の半ばぐらいまでは、たしかに肥沃でいい土地がたくさんありました。**

ケンジ　条件のいいところから入れていくから。あとになるとだんだん大変になるのでしょうけど。

どこの開拓地に入るのか選べたの？

ケンジ　道庁の刊行物や親類縁者からの知らせで「よし俺も北海道に行く」となった場合、開拓適地にはいろいろな場所がありますよね。道庁の方から「ここに入って」というような割り当てはあったのでしょうか？

関先生　**どの土地が自分の土地になるかというのは二通りあって、ひとつは個人で未開地の貸し付けを受ける場合。これは個人が、道庁に「ここの土地に入りたい」と申請して払い下げを受けるわけだから、許可されれば、自分で決めたところに入れるわけです。**

ケンジ　区画割りが終わっていて、払い下げをしている土地という条件はあっても、自分で「ココ」と決められる。

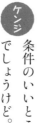

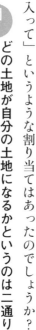

関先生　申請時に道庁の職員から「そこよりもこっちの方がいいよ」とアドバイスされて変えることもあったそうですが、基本的には、空いてさえいれば自分の好きな未開地に入れました。

ところが団体移住の場合は、前に説明したとおり貸付地予定存置だから、全戸分をまとめて申請するわけです。道内のどの開拓地に入るかはもちろん、入った先の場所の割り振りも決めて。入った先の場所決めは、抽選の場合が多かったみたいです。こちらに来てからね。

ケンジ　公平に抽選で決めると。ドンとまとめて与えられても、日当たりや土地の良し悪しがありますからね。

関先生　そのとおり。

ケンジ　団体が入る場所は、さすがに人数が多いので道庁からある程度候補地が示されたのですか？

関先生　明治30年代ぐらいですと、代表者が道庁に相談に行ったら、だいたい支庁に行って相談しなさいと言われます。そして最初は地形図や原野（殖民地）区画図で、こういう土地があるよと教えてもらう。だからそんなに限定されていたわけではないと思います。それよりも場所決めで影響があるのは、すでに北海道に入った人たちからの情報です。

ケンジ　口コミだ。

[貸付地予定存置] 29頁参照。

[支庁] 道庁の総合出先機関。現在の総合振興局及び振興局。

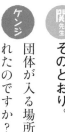

関先生 そういう人たちから、近いうちにいい原野の払い下げがありそうだと。道庁は区画しないと払い下げの告示をしませんが、近くにいたらいまどこの調査に入っているかがわかるでしょ。それで、あそこの原野はいい、いまはまだ払い下げてないけど近いうちにありそうだという情報が、けっこう入ってくるんです。

サトミ ほーっ。なかなかの情報網ですね。

関先生 まったくそんな情報がなくて、道庁の告示や広報誌だけをみて北海道に来るということは、ほとんどないです。

サトミ やっぱり、いまも昔も情報収集は大事。

関先生 口コミってバカにできないんですよ。それから移住資金が乏しく、移住団体に加われない場合などには、まず小作人として開拓に入って、北海道の開拓や農業を経験し、いい土地の払い下げがないかチャンスをうかがいます。そのうちに同じ郷里のグループがどこかで土地の払い下げを受けたと聞きつけて、自分も払い下げを受けて、その土地に移ることもあったようです。

［小作人］26頁参照。

サトミ 人の移動が、けっこうあったんですね。

関先生 開拓期は人の移動がとても激しいです。いったん入植しても出ていったり。

ケンジ それだけ情報が入って来たんですね。「ここよりあそこの方がいいぞ」みたいな。

サトミ 開拓新聞とか出てないですよね（笑）。

関先生 **それはないけど、本州の地方新聞にはしょっちゅう、北海道の開拓地の様子が紹介されていました。何々さんが引率した団体がどこに入った、というね。場合によっては記者が北海道に来てルポを……。**

サトミ あの時代にルポ！

ケンジ でも郷里の人は気になりますよね、どんな暮らしをしているのか。

関先生 **何々さんは北海道に行って成功しているようだ、とかね。**

サトミ おもしろいですねー。あの時代に広い北海道で、そんなにも情報が飛び交っていたなんて。

関先生 **そういうことがわかると、開拓というのは本当におもしろいです。**

故郷から入植地まで、どうやって移動したの？

ケンジ　では、北海道開拓を決意した人々は、実際どうやって北海道に渡ってきたのでしょう？　いまとは交通事情もまったく違いますよね。

関先生　当時はまだ、北海道はもちろんですけど、本州も交通機関が発達していません。遠距離の場合はほとんど海運です。陸地は徒歩。荷物は自分で背負うか、馬に鞍をつけて運ぶか。

サトミ　馬車じゃなくて、馬に直接荷物を載せて？

関先生　馬車を使えるような道路が整備されるのは、本州でも明治の半ばぐらいです。それから内陸部の交通手段といえば川、川舟です。それが明治の半ばごろから鉄道の整備が進んで、明治の末になると主要な鉄道が揃ってきます。そのころには航路も多くの定期船が就航するようになって、海運も非常に発達していきます。

ケンジ　海運といいますと、日本海側の北前船ルートがメインですか？

関先生　江戸時代から明治中期の物資の運送は日本海ルート、北前航路と呼ばれていますが、こちらが中心です。江戸時代からすでに太平洋ルートもありましたが、この航路は東北から北海道の間が非常に厳しかった。特に冬は荒れて。江戸時代から明治の初期は、船はまだ和船、帆船です。だから天候に非常に左右される。数日で順調に北陸から北海道に着くときがあれば、酷いときなら10日も2週間もか

［北前船］江戸中期から明治30年代に、大阪と北海道間を日本海回りで往復していた廻船（商船）の総称。

明治20年代に多くの移民を輸送した日本郵船の山城丸〔『日本郵船株式会社五十年史』（昭和10年）〕

かる場合がある。ところが、明治の半ば以降に帆船から汽船になって、海運もずっと安定します。明治の半ば以降はだいたい、汽車と汽船を乗り継いで北海道に来ていますね。

サトミ　当時の人にとっては、きっと大冒険だったんでしょうね。

関先生　それで鉄道の状況をみますと、北海道では明治10年代に、港町の小樽と採炭地の幌内（現三笠市）を結ぶ幌内鉄道が開通します。そのあと明治20年代は岩見沢から北、空知川河口付近（現砂川市）の空知太まで、南は室蘭まで延びます。明治30年代に入りますと、北は旭川から旭川を越えて名寄まで、南は函館・小樽間が開通します。東は旭川から南富良野の落合まで。明治末から大正には、北は稚内、東は根室、それから十勝の池田、北見、網走間も開通します。ここまで整備されれば、非常に移動はしやすくなります。

ケンジ　30年ぐらいの間に、すごいスピードで整備されていくんですね。

関先生　これも国の政策です。北海道を開拓するための鉄道ですね。

サトミ　これは囚人たちが？

関先生　囚人が関わったのは道路の一部分です。明治10年代から20年代まで。では囚人の話がでましたから少しお話しますと、札幌から岩見沢、旭川を通り石北

［幌内鉄道］開拓使によって手宮（小樽市）～幌内（三笠市）の間に敷設された北海道初の鉄道。

峠を越えて北見、網走に行く「中央道路」と呼ばれた幹線道路の建設は、囚人が動員され多くの犠牲者が出ました。それから幌内炭鉱で石炭を掘ったのも囚人、石狩川流域に屯田兵村をたくさんつくりましたが、その兵屋を建てたのも囚人です。全部ではないですが。だから明治10～20年代の土木工事や炭鉱開発は囚人が支えていたのですが、それがあまりにも過酷だと大きな社会問題になって、囚人の強制労働は明治20年代に終わります。それに代わって土工夫、一般にはタコ労働者と言われますが、それが北海道の土木事業を支えていくことになります。

それはさておき、本州の鉄道は明治20年代になると東北本線が青森まで延び、明治30年代には奥羽本線の福島・青森間が開通します。そうすると鉄道のあるところは、船よりも移動が楽だから、鉄道を使うようになります。では移住のルートはどうだったかというと、時代によってかなり違いますが、一般的な経路はまず居住地から最寄りの港まで徒歩で行きます。

ケンジ いきなり歩きですか……。

関先生 徒歩です。それで港で汽船に乗って、途中でどこかの港に寄ることもあるし、直接北海道に来る場合もあります。道内の主要な港に上陸するのですが、当時はまだ港がしっかり整備されていなかったので、大きな汽船は岸壁につけない。底がつかえてしまう。それで沖に停泊して、そこから艀《はしけ》という幅の広い平底の小船に乗り換えて上陸するわけです。ところが海が荒れている場合は大変で、とても怖い思いをしたという話が残っています。そこから、例えば小樽に一度上陸したあと、

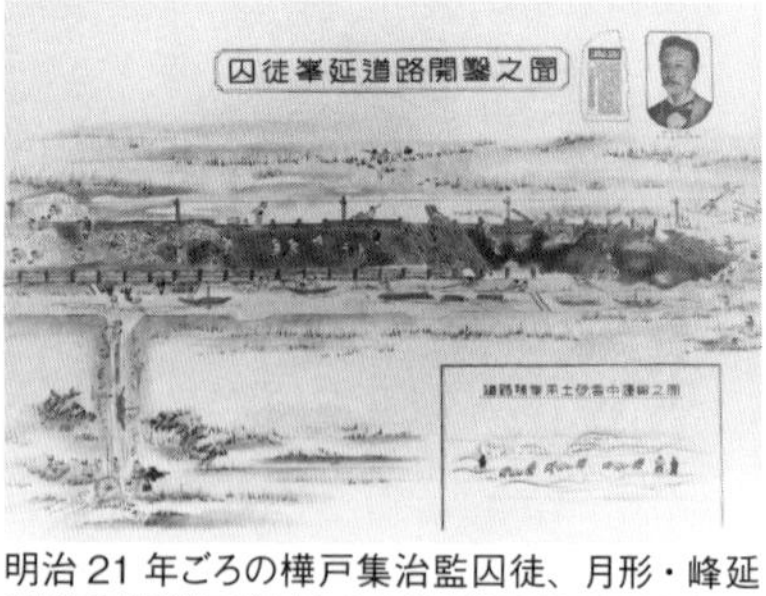

明治21年ごろの樺戸集治監囚徒、月形・峰延間道路開削工事（寺本界雄『樺戸監獄史話』付図、昭和25年、月形町）

明治10年代末の初期の幌内炭山（北海道大学附属図書館所蔵）

小さな船に乗り換えて留萌や羽幌など地方の港に向かったりします。

ケンジ　いまだと陸を通って移動した方がいいように思いますが、当時は日本海側のそのあたりだと、海上をまっすぐ行った方が近いんですよね。

関先生　昔はね。だから内陸、沿岸よりも天売・焼尻島や利尻・礼文島のような、離島の方が文化が発達していました。

サトミ　船が主役の時代だから。

関先生　そのように小型船に乗り継ぐ場合もありますが、小樽まで来たら汽車も使えます。汽車も時代によって変わりますが、例えば幌内まで行って、そこから先は歩くとか。奈良県の十津川郷から明治22年（1889）の大水害で新十津川に入植した人たちは、小樽から汽車で市来知《いちきしり》（現三笠市）まで行って、そこから滝川まで歩いていています。

サトミ　三笠から滝川って、何キロぐらい？

ケンジ　40キロぐらいですね。

サトミ　うわっ、遠いなぁ〜。

関先生　途中、奈井江で1泊するのですが、どんな所に泊まったかというと、そのころ囚人労働で中央道路の岩見沢・旭川間を開削していたので、その囚人たち

【幌内炭鉱】三笠市（当時は幌内村）にあった炭鉱。明治12年（1879）に官営炭鉱として開山し、日本の近代化をエネルギー面から支えた。1989年閉山。

【十津川郷】奈良県の最南端に位置する。北十津川、十津川花園、中十津川など6村が明治23年（1890）に合併し、十津川村となる。

明治16年ごろ、江別村野幌付近で撮影された幌内鉄道（北海道大学附属図書館所蔵）

の宿泊舎を使ったようです。

サトミ　囚人たちの寝る場所だったら相当に劣悪な……。

関先生　そうでしょうね。だけど彼らが着いたのはもう晩秋だったから。

ケンジ　じゃあ、野宿よりは屋根と壁があるだけマシだと。

関先生　そうそう。寒くて野宿なんかできない。それで1泊して、次の日に空知太（現滝川市）に着きます。そうすれば、もう川の向うが入植地の新十津川なのですが、まだ行けないんです。もう冬になるから。それで滝川の屯田兵村で一冬越して、翌年の春に新十津川に入ります。

サトミ　入植地を目の前にしながら……。

関先生　だから、入植地までの旅程はそのときの条件や気象などで千差万別です。

ケンジ　誰が道案内をしたのでしょう？　いまみたいに看板なんてないですよね。

関先生　団体で移住する場合は、事前にいろいろと調べて準備していますからね。どんな道路かも道庁の方では把握していますし、それを教わって。

明治22年　奈良県吉野郡北十津川・十津川花園村
水害罹災移民の移動経路

奈良県吉野郡十津川　→　樺戸郡新十津川村
十津川：10/18徒歩→　10/22大阪八軒屋：10/23汽車→神戸港：10/24汽船遠江丸→　横浜経由10/28小樽港：10/31汽車→　市来知（現三笠市）：徒歩→奈井江：徒歩→11/6空知太（滝川屯田兵村）、翌年、新十津川へ

ケンジ　すごいですね。調べているとはいえドキドキですよ、知らない土地で。

サトミ　当時の人の歩く距離って、いまからは考えられないですよね。

関先生　昔の人は、歩くのはへっちゃらです。ぼくの家は明治半ば過ぎに留萌沿岸の苫前に開拓で入ったんですよ。お祖父ちゃんは苫前の市街地から留萌まで、道路といっても名前だけで実際は海岸の砂浜を歩くのですが、片道40キロぐらいの道のりを歩いて往復したそうです。昭和の初めになっても。

ケンジ　えっ？

関先生　しかも日帰りですよ。夜中に出て夜中に帰ってくる。

サトミ　えーーーっ！。明かりもないのにどうやって……。

関先生　慣れですかね。ぼくの経験からいうと、小学校上級生のときの遠足は片道8キロでした。

サトミ　それをどれくらいで歩くんですか？

関先生　4キロを1時間ぐらい。だからね、片道を2時間で歩くのがぼくら子供のころは普通だった。

ケンジ　往復で16キロ。いまの感覚とは少し違いますね。

関先生　だから歩くのはね、昔の人はそんなに苦にしてなかった。

サトミ　でも移住だと荷物がありますから。大きいものは送ったとしても。

関先生　荷物を背負って、子供を連れて、場合によっては病弱な親も連れてだから大変です。

ケンジ　移住の時期や季節は決まっていたんですか？

関先生　道庁が奨励していたのは春、それも早春です。本当は先発の人がいて、少し雪のあるうちに木を切ったり、開墾小屋を建てたりと事前に下準備をしておいた方がいいと。

それで移住のルートですが、明治前半の例もいくつか挙げてみます。下の経路は明治初めの士族移民の例で、宮城県岩出山の旧領主・伊達邦直の家臣団です。まず領地を出て、松島湾寒沢《さぶさわ》港から船出して、予定では勇払に上陸するはずだったのですが、嵐にあって室蘭に上陸します。そこから千歳までは歩き。千歳からも男の人や元気な人は、ずっと歩きです。月寒丘陵を越えて、いまの豊平橋近くを通って、そこから刈り分け道を石狩に抜ける。病人や老人、子供は体が耐えられないので、千歳からは丸木舟を使って千歳川を下り、江別で石狩川に合流して、今度は石狩川

〔開墾小屋〕開拓小屋、仮小屋とも。75頁参照。

明治４年　伊達邦直家臣団の移住経路

旧仙台藩岩出山領（現宮城県大崎市）→　厚田郡厚田村（現石狩市）聚冨（しっぷ）

岩出山→　松島湾寒沢港:3/18 汽船猶龍（ゆうりゅう）丸→　3/20 室蘭（予定では勇払）:3/27 徒歩→　白老・勇払・千歳：

ここから老人・子供・病人は川舟で千歳川・石狩川→　石狩：徒歩→　聚冨

その他の移住者は徒歩→　島松・札幌・石狩→　4/5 聚冨

を下って河口に上陸、そこからはまた歩きです。

サトミ みんなが千歳川から船に乗らなかったのは、やはり経費節約のため？

関先生 そうです。明治17年（1884）に北海道に入った鳥取士族は、鳥取の加露《かろ》港から汽船に乗って、敦賀《つるが》を経由して函館へ。さらに函館から釧路まで船で行き、釧路で上陸してベットマイ（鳥取村）に入植します（下の経路上段）。

ケンジ 鳥取を6月3日に出て、6月9日に釧路着。船は意外と早いんですね。

関先生 天気さえよければ船は早いです。

サトミ 歩くのに比べれば段違い。

関先生 屯田兵の例もひとつ。屯田兵は全国各地から来ているのですが、明治30年（1897）に富山県東《ひがし》砺波《となみ》郡上平《かみたいら》村猪谷《いのたに》（現南砺《なんと》市）から野付牛《のつけうし》（現北見市）の兵村に入った人の例をみてみましょう（下の経路下段）。故郷を出て最寄りの駅まで歩き、汽車で伏木《ふしき》まで行って、伏木港から小船で能登半島の七尾港まで。これは屯田兵ですから、汽船が各地に寄港して、集まった人をピックアップしていたのです。さらに艀《はしけ》で穴水港に行き、そこから汽船で網走まで。網走からは川蒸気船で端野までさかのぼり、上陸して野付牛の屯田兵村に入ります。

明治 17 年　鳥取県士族〔保護移民〕の移住経路

鳥取県　→　釧路郡鳥取村（現釧路市）

鳥取→　加露港：6/3 汽船宿祢（すくね）丸→　敦賀港（福井県）→　6/6 函館港 6/7→　6/9 釧路→　6/10 ベットマイ（鳥取村）

明治 30 年　屯田兵の移住経路例

富山県東砺波郡上平村猪谷（現南砺市）　→　常呂郡野付牛屯田兵村（現北見市）

猪谷：5/22 徒歩→　城端町・福野：汽車→　黒田・古国・5/23 伏木：5/24 伏木港：小舟→　七尾港（石川県）：5/29 艀→　穴水港：汽船武揚丸→　6/2 網走港：6/6 川蒸気船→　端野：6/7 徒歩→　野付牛兵村

ケンジ 川蒸気船というのは、蒸気エンジンを積んで川をさかのぼっていく船ですね。

関先生 そうそう。明治後期になると道内各地の川で蒸気船が走っていました。天塩川でもかなり上流まで川蒸気船で行けましたし、石狩川も新十津川あたりまで運行していました。ともかく、移住の旅はいまと比べるとずっと厳しいです。

ケンジ 行程をみると次の目的地まで普通に何日か経っていますが、その間ひたすら歩いているわけですものね。鉄道が使えるようになるとグッと楽になるのでしょうけど。

関先生 だから鉄道が発達する明治末ごろになると、あまりエキサイティングな旅じゃないね（笑）。それで実は、移住の旅の写真がいっぱい残っているので、みてみましょう。

サトミ この写真は何ですか？

関先生 図2-❼は故郷を出発する図です。これは明治30年（1897）に、鷹栖村（現旭川市・鷹栖町）の松平農場という大農場を開くために集められた小作人たちの開拓団で、富山県の魚津港での写真ですね。

ケンジ すごい人数。

富山県魚津港に集合した、上川郡鷹栖村松平農場に移住する小作農（明治30年撮影、北海道大学附属図書館所蔵）。図2-❼

サトミ　けっこうみんな、オシャレな格好してますよ。

関先生　やっぱり写真を撮るから（笑）。ここから汽船に乗って、函館に行くわけです。そして図２－❽が、函館に着いたときの写真。このころには、函館港に立派な桟橋ができていて、大きな汽船が接岸できました。

サトミ　船がカッコイイ！

関先生　当時の最新鋭の船です。

サトミ　みんなこんな船に乗るのは初めてだから、盛り上がったでしょうね。いくぞーって（笑）。

ケンジ　なかには心細い人もいたと思いますよ。

関先生　そうですね。では船旅のエピソードをひとつ紹介しましょう。明治25年（1892）に大分県から旭川兵村に移住した屯田兵の若妻が、慣れない船旅の緊張から出産が予定より早まり、船中出産という珍しい事態を招きました。赤ちゃんには船名の高砂丸の一字をとって「たか」と名付け、乗船者が祝ったそうです。さて、図２－❾は小樽港に着いたときの写真です。沖

函館港桟橋に到着した移民団（大正初期撮影、北海道大学附属図書館所蔵）。図2-❽

の方に汽船があって、この艀《はしけ》に乗り換えて小樽港に上陸したんです。

サトミ ギュウギュウに乗ってますね。

ケンジ これはたしかに、波が高かったら怖いかも。

関先生 この開拓団は小樽から鉄道に乗り換えるのですが、まず小樽で1泊します。図2-⑩の建物は、北海道庁移住民取扱事務所です。小樽とか青森、函館のような大きな町にはこうした施設があり、ここで休憩し、道庁の担当者が移住者の世話をしていました。そんな施設を道庁が各地につくっていたんです。

サトミ 洋風な感じのオシャレな建物。

ケンジ 犬がいたり、子供たちもこんなにたくさん。

沖の汽船から艀で接岸し小樽港に上陸（明治後期撮影）。図2-❾

小樽移住民取扱事務所前で（明治36年撮影）。図2-⑩

関先生　だいたい夫婦、そして子供が1人か2人、親が1人か2人と。ひと家族4〜5人ぐらいが標準です。図2-⓫は小樽の駅ですね。これでも精いっぱいオシャレをしている。

サトミ　寒いから綿入れを着ていますね。

関先生　うん。服装から移住の季節がある程度わかりますよね。図2-⓬は、明治末の大水害で虻田郡に入った山梨の人たちが現地に着いた様子です。場所はいまの喜茂別町です。

サトミ　子供たちの表情がすごくいい。キリっとしていて。

ケンジ　子供からしたら大冒険だもの、そりゃ気合が入りますよ。

小樽停車場に集合。服装から寒い時期とわかる（明治後期撮影）。図2-⓫

虻田郡真狩村（現喜茂別町）に到着した山梨県水害罹災移民（明治42年撮影）。図2-⓬
※図2-❾〜⓬はすべて北海道大学附属図書館所蔵

移住費用って、どれくらいかかったんだろう？

関先生　移住するにはもちろん旅費がかかりますが、それは出身地と北海道との距離、交通事情でずいぶん変わってきます。そして旅費以外にも、どの家でも必ずかかる経費があるわけです。

明治末から大正初めの道庁の手引書には、旅費を除いて100～120円ぐらいは用意しておくこと、と書いてあります。内訳は小屋掛け料、最小限度の家具代、それから食料は自給するのが建前ですが最初からはできないので、作物がとれるまでの食料費、そして最小限度の農具代です。これに旅費を加えると200円ぐらいはかかったでしょう。

サトミ　とりあえずの生活費として100～120円。だから、いまの価値に換算すると5000～8000倍にして50～96万円。これでひと家族が1年暮らすのは無理では？

ケンジ　でも、家賃もスマホ代もないから。ただ、こんなお金を最初から持っている人なんて、当時はそうそういないですよね？

関先生　そう、だから借金したりね。当時の200円（100～160万円）といったら大変な金額ですよ。道庁に提出した書類の中に、移民の経済状況を書いた資料があって、それをみると例えば団体移住で来た場合、所持金が1000円（500～800万円）を超すような人も1人か2人いるんです。開拓団のリーダークラスですね。でもだいたい、100円から500円以内が多いです。

【まとめ】移住費用の目安

5町歩前後の開墾・農耕を目的とし、移住家族4人（大人2人・幼老2人）の一般的な移住農家、1年分の費用はおよそ100～120円（旅費を除く）。〔『第四北海道移住案内』明治28年〕

内訳：仮小屋（5間×3間）18.32円、家具（持参の衣類・夜具を除く）8.62円、食料（並玄米・大麦・塩菜料）53.65円、農具（農耕馬・プラウ・ハロー・馬車は除く）22.51円

合計　103.10円

【まとめ】明治22年の十津川移民の移住費用

支度料3.36円、旅費28.02円（陸路5.60円、海路22.42円）、荷物運搬費9.12円（陸路5.60円、海路3.52円）、家具23.10円、食料64.07円（米42.34円、塩噌21.73円）、小屋掛料50.00円、農具料7.05円、耕馬料（2戸に1頭）12.50円、種子1.00円、用水3.00円（5戸に1か所）、合計201.22円〔「移住費見積書」（新十津川町史）〕

ケンジ　スタート時点からすでに差がある。

関先生　先ほどの新十津川の移民は、援助を求める際に奈良県に予算を提出していますが、1年分の経費で200円と見積っています。これは旅費も含めてなので、やはりそれぐらいは最低でもかかる。経費の中でも金額がはっきりしているのは旅費です。当時の運賃は下の表のとおりです。

これは移民向けの割引額ですが、距離によってずいぶん金額が違います。汽船賃だと、青森から函館まで50銭（2500～4000円）。ところが四国の高松からだと5円88銭（2万9400～4万7040円）になります。汽車と汽船を乗り継いだ場合では、鹿児島から函館まで6円（3万～4万8000円）、網走までなら9円（4万5000～7万2000円）。けっこうな額です。

ケンジ　そんなお金、どうやって用立てたんでしょう。親戚から借りたのでしょうか？

関先生　おそらく頼りになるのは親戚でしょう。少しでも土地や財産がある人は、それを売り払ったりして。

さて、これでようやく北海道に行くまでの話が終わりました。次の時間では、いよいよ開拓地に入りますよ。

サトミ　待ってました！

明治末期の府県各地ー北海道の汽車・汽船賃
〔表　北海道庁『北海道移住の栞』明治44年〕

汽船の旅客割引運賃（単位：円）

	函館	室蘭	小樽	釧路	網走（根室経由／小樽経由）
高松ー	5.88	6.63	7.28	7.13	8.88／10.83
神戸ー	4.55	5.30	5.59	5.80	7.55／9.50
横浜ー	2.45	3.20	3.85	3.70	5.45／7.40
青森ー	0.50	1.10	1.50	1.75	3.50／5.05

汽車を最大限利用した場合（一部汽船利用）の旅客割引運賃

	函館	室蘭	釧路	網走（根室経由／小樽経由）
鹿児島ー	6.02	6.62	7.06	9.12／10.05
広　島ー	4.68	5.28	5.72	7.78／8.71
神　戸ー	4.01	4.61	5.05	7.11／8.05
名古屋ー	3.52	4.12	4.56	6.62／7.55
横　浜ー	2.76	3.36	3.80	5.86／6.79
富　山ー	4.23	4.83	5.27	7.33／8.26
福　島ー	2.10	2.70	3.14	5.20／6.13
山　形ー	1.93	2.53	2.47	5.03／6.96
青　森ー	0.50	1.10	1.54	3.60／4.53

休み時間

関先生のこぼれ話❷

明治維新と士族移住

北海道開拓の時代背景はいろいろとありますが、そのひとつは明治維新です。維新で功績のあった武士階級の権利を取り上げていかなければ、日本近代化の改革は成り立ちませんでした。その結果、失業士族が増え、それが社会不安をもたらし、さらに反政府運動にも発展します。そのクライマックスが明治10年（1877）の西南戦争でした。そういうわけで、失業士族に仕事を与える士族授産とともに、北海道開拓を進めようという政策がとられます。

士族移住の先駆けは、明治元～2年（1868～69）の戊辰戦争で敗れ、明治のごく初期に北海道に来ざるを得なかったグループで、のちの失業士族とは少し違います。余市に入った会津藩の人たち、現在の伊達市、登別市の幌別、札幌市の白石・手稲、当別町などに入った仙台藩士。事情は異なりますが、静内に入った淡路島の徳島藩士もいます。

それ以前の幕末にも、幕府の蝦夷地警備・開拓政策で各地に入った藩士がいます。明治初めには新政府の政策に協力し、水戸藩が苫前・天塩周辺、山口藩が増毛や留萌などに入りました。

そして明治10年前後から、先ほど言った失業士族の移住・開拓が広がりをみせます。殿様（旧藩主）が失業した元藩士たちの将来を考えて開拓使から広大な未開地の払い下げを受け、藩士たちに開墾させるわけです。八雲に入った旧名古屋藩士、余市郡大江村（現仁木町）に移った旧山口藩士などがいます。旧名古屋藩の徳川氏はクマ狩りが好きで、しばしば八雲に来ていたそうです。また旧藩士に副業を与えようと、ヨーロッパでみたクマの彫り物を八雲でもつくるよう推奨したので、北海道のクマの木彫りは八雲が発祥地と言われています。さらに三県一局時代（34頁参照）には政府の資金で山形・山口・鳥取県からも移住しています。

明治20年代に士族の団体移住はなくなりますが、明治前半の士族の開拓村は、北海道開拓の試験場みたいなものでした。土地の選定、1戸当たりの耕地面積、どんな作物をどのようにつくればいいのか、そこでいろいろな経験をするわけです。それがのちの、道庁時代の開拓政策に生きてくる。だから近代の開拓と言っても、明治前半の士族移住・開拓は試行錯誤の時代です。当事者たちは本当に大変だったと思います。

3時限目
思っていたのと全然違う？ 開拓生活がスタート！

・ついに到着！　開拓地での初日
・開拓の手始めは、小屋づくりから
・開墾地の食卓。移住した日の最初の食事は？
・いよいよ、伐木・開墾がスタート！
・急いで畑をつくるぞー！

ついに到着！ 開拓地での初日

ケンジ さて、いろいろな苦労を乗り越えて移住してきました。でも、まだ開拓は始まっていないんです！ 歩いて開拓地に着いた。まずは何をするのか？ その最初の最初を知りたいです。

関先生 **いままでのは前置きみたいなもので、これからが開拓の本番です。**

サトミ ワクワクしてきます！

ケンジ 我々の大きな疑問としましては、何もないところにやってきていきなり生活をしろと言われても、何から手を付けていいかもわからない。具体的にどういう感じで開拓生活は始まるのでしょう？

関先生 **2時限目に移住の旅の話をしましたが、まず現地に到着します。この場合の「現地」は必ずしも開墾地という意味ではなく、開墾地に隣接する地域も含めた場所と考えてください。それで、まったく道もない、人も住んでいない原始林の中に、到着したその日に入って、そこで一晩過ごすというのは、普通はないです。**

ケンジ さすがに、そこまでの元気はないですよね。

関先生 **たいてい先着の開拓者の家が近所にあって、近所といってもそれは時代と場所によって距離は違いますが、近くに先に人が入った開拓地があります。そ**

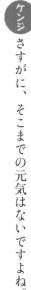

れから恵まれていれば、近くに市街地がある。市街地に行けば、お金さえ出せば宿泊もできる。なので、初日から原始の森に入って、家を建てることから開拓を始めるということではなくて、まずは近隣でひと休みします。事前に来ている知人宅や市街地の宿で、少なくとも初日は落ち着く。

ケンジ 我々は本当に何もない土地にいきなり入って、クワ（鍬）を持って、その日のうちに簡単な小屋を建てて寝て、みたいなイメージを持っていましたけど、そんなことはないんですね。ある程度の拠点があって、そこから開拓地に向かっていくと。

サトミ 時代によって状況は違うでしょうけど。

ケンジ 明治初期の武士の開拓団のころは、本当に何もなかったでしょうから。

関先生 そうですね。ただ、屯田兵や国の保護移民、大農場の小作移民などの場合は、事前に兵屋や開墾小屋が準備され、刈り分け道ぐらいの道路を作ったり、川に仮橋を架けたり、ある程度は人が入りやすいようにしていました。でも、一般の移民の場合はそのようなことはほとんどありませんでした。

ケンジ そうか、最初に国が整備してくれるケースもあったんだ。とはいえ、まったく人の手が入っていない原始林に分け入って、そこから開墾が始まるということは保護移民も一般の移民も変わらない。

［屯田兵］ 100頁参照。
［保護移民］ 31頁参照。
［小作移民］ 小作農（26頁参照）の移民のこと。
［開墾小屋］ 開拓小屋、仮小屋とも。75頁参照。

関先生 さて、いよいよ開拓の初めですが、最初は開墾地に行くまでのルートを確保します。必ずしも道路がつくられているわけじゃないから。まずは、開墾地に入るのに、どんな道を通っていくのがいいのかを調べるところから始まります。

ケンジ なかなか開拓地に入れない……。道といっても、当時は踏み分け道ですよね？

関先生 そう。それでだいたい、川に沿って奥へ入っていくわけです。そうすると、洪水で木が倒れていたり、湿地で遠回りしないといけなかったり、いろいろと行く手を阻むものがある。一応、来る前に調べてはいても、現地の状況というのは行ってみないとわからないでしょ。

だから先発の人が到着の翌日、ルートを決めて、現地に着いたらまず共同の居小屋（図3－❶）を建てます。団体移住の場合、最初から一軒一軒が個別の小屋を建てたわけじゃなくて、共同の居小屋で寝起きして、開墾の仕事がある程度進むまでは一緒に生活をすることが多かったようです。もちろん、1日で小屋が完成しないこともあるので、そういう場合は、知人宅や市街地の宿を拠点に、何日間か通って小屋を建てます。これが、当面住むための仮小屋となります。

開拓の手始めは、小屋づくりから

ケンジ 仮小屋を建てるための木材は現地で切ったものを使っていたのですか？

十勝（河東郡音更村）に入植した天理教団体移民の共同居小屋（『殖民公報』92号、大正5年）。図3－❶

関先生　経済状況によって多少違いますが、現地でできるだけ調達するというのが原則です。それでは、一般的な仮小屋の構造から話をしましょうか。
　まず原始林の立木を倒して、柱になる丸太を準備します。お金があって、近隣の市街地で製材した柱や屋根をふく柾《まさ》、壁に張る板などを買えるといいのですが、貧しいのでそれは無理でした。実は、壁や屋根材として一番多く使われたのはササ（笹）です。

サトミ　ササ？　あの植物のササ？

関先生　ササやカヤ（茅）、アシ（葦）・ヨシ（葭）、それから木の皮とか。それで、まず小屋の大きさから言いますと、家族の数によって多少違いますが、だいたい7・5坪（2・5間《けん》×3間／約15畳）から12坪（3間×4間／約24畳）が一般的です。
　つくり方は、まず穴を掘って丸太を立てます。これが柱です。それに、桁《けた》、梁《はり》、垂木《たるき》を横に渡していきます。もう少しあとの時代だと、垂木は製材したものがありますが、買えないので、現地の細い枝などを使っていました。とにかくこれは仮小屋ですから、近くで手に入る適当な太さと長さの木があれば、差し当たりそれを使います。屋根や壁材は、先ほどいったササやカヤです。

ケンジ　ササやカヤをどうやって、壁や屋根にするんですか？

関先生　刈って、縄で結わえていきます。近くに太い木がある場合は木の皮をはがして、屋根、壁をふく場合もあります。でもササとかカヤの方が一般的です。

［柾］屋根をふくのに使う薄い板。

［間］1間は約1・82メートル。

［桁、梁、垂木］桁は柱間に架ける水平材。建造物の短辺方向に架ける部材を「梁」、長辺方向に架けるものを「桁」という。「垂木」は屋根の骨組みとなる構造材。

ケンジ　それは……、風通しがよさそうですね。

関先生　それから出入口は1か所、窓にはムシロ（莚）を下げます。もちろんガラスはありません。屋内は一部を土間にして、土間と居住部分の仕切りのところに丸太を横に置きます。それを境にして、居間の部分には柴木（雑木の小枝）やササ、カヤ、枯草を敷き詰めるわけです。土のままだと湿気が多く居心地が悪いですからね。その上にムシロを敷いて。

サトミ　えーっ、床は板じゃないんですか？

関先生　経済的に余裕があれば、ムシロの下に割り板を置いて押さえたりもしていました。

ケンジ　まずは急ぎ仕事で、ババババッと建てちゃう感じですね。

関先生　そうです。じゃあ仮小屋での暖房や炊事はどうしたかというと、居間に踏込み炉（囲炉裏）を切ります。端が土間と続いているような炉で、外の作業から帰って来たときに、ワラジ（草鞋）やツマゴを脱がなくても、すぐ炉の中に足を入れられるようになっていました。

ケンジ　囲炉裏の中に入っていけるんですか？

［ムシロ（莚）］ワラ（藁）で編んだ簡素な敷物。

［ツマゴ］冬のワラ製の履物。ワラジの前の部分をワラ靴のように編む。127頁参照。

関先生 そうそう。囲炉裏全体に火があるわけじゃなくて、まわりに土や砂、灰があるでしょ。冬の作業で濡れた場合は、そこで温まります。夏はワラジを脱がないで、ちょっと休んだり食事をとったりもできる。そういうのを踏込み炉と言うのですが、仮小屋はそれが多いです。そして炉の上の梁から炉鉤《ろかぎ》を下げて、鉄瓶やつる鍋をかけて料理をします。だから煮炊きと明かりとり、暖房を、踏み込み炉が全部兼ねていたわけです。

ケンジ じゃあ、薪や炭が主な燃料ですね。

関先生 薪はいくらでもありましたし、炭焼きは開拓農家の大事な副業でした。開拓というのは木との闘いです。まわりは原始林ですから、木は焼き払うほどあるわけ。その木をどうやって処理するか。いまだったら高く売れる木でも、運搬手段がないから売りに行けない。それでどうしたかというと、炭焼きで炭にするんです。

サトミ 屋根や壁がササとかカヤで、雨風はしのげるものなのでしょうか？　絶対、隙間から雨が落ちてきますよね。

関先生 雨風はもちろん、冬は雪も入ってきます。翌朝目が覚めたら、布団の上に雪が積もっていたなんてことは、多くの開拓者の回顧録にあります。布団のふちがカチカチに凍っていたとかね。

サトミ 火はおこしたまま寝るんですか？

北竜村（現沼田町）の開拓小屋の内部を撮影した貴重な１枚（北海道庁『北海道凶作窮民状況写真画帖』、大正３年）

関先生 そうです。木の根に近い部分を炉に入れるんです。堅いので燃えるのに時間がかかり、長く持ちます。

ケンジ それでも寒そうですねー。

関先生 寒いです（キッパリ）。

ケンジ これは仮小屋なので、もう一回ちゃんとした家を建てるということですよね？

関先生 そうです。

ケンジ それも、自分たちで建てるのですか？

関先生 大工さんに頼み、自分たちも手伝って建てることが一般的です。なかには、農閑期に柱などの建築材を自分で挽いて準備した農家もありました。

サトミ そのちゃんとした家は、入植からどれくらいで建つものなのでしょう？

関先生 それは伐木・開墾作業がいつ終わるかによります。早く終わる家と、そうでない家との差が出てくるわけです。また、その家の経済力にもよります。仮小屋（掘立小屋）じゃなくなるのは、早くて3年くらいかな。

【伐木・開墾】木を倒し（伐木）、畑を開くこと（開墾）。

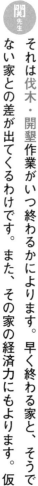

ケンジ　そんなにかかるんですか……。3年も住んだらもう仮小屋じゃないですよ。でも、木を切ったり畑をつくったりしないとダメだから、家のことばかりやっていられないのか。

関先生　だから農閑期になると、少しずつ手を加えて修理するわけです。壁や屋根がササ、カヤだから外が透けてみえてきたりするでしょ。それを繕ったり。それで小屋の呼び方はいろいろあるのですが、開拓小屋、開墾小屋が一番広い意味で使われています。そのほかでは仮小屋、居小屋、団体移住の場合の共同居小屋。どれも先ほど言ったような掘立小屋ですが、その掘立小屋をつくる余裕がないぐらい急ぐ場合、どうするかというとね、図3-❷のような家を……。

ケンジ　うわーっ、これはすごい。縄文時代じゃないですか。

［縄文時代］15頁参照。

関先生　これは本当に、急場しのぎ。

サトミ　屋根しかない。ほぼテント。

ケンジ　この屋根、ササですね。

サトミ　あっ、入口がムシロだ。ちゃんと巻いてある（笑）。ムシロは扉に窓、敷物と大活躍ですね。

瀬棚郡利別原野・岐阜団体の笹ぶきの拝み小屋（『殖民公報』28号、明治38年）。
図3-❷

関先生　ムシロは重要。ムシロは買ったんです。稲作以前ですので材料のワラ（藁）がないから。

サトミ　買えたんですね。

関先生　市街地に行けば。

サトミ　暖かい季節はまだいいけど、冬は最悪ですね。

関先生　それから図3－❸は、先ほど言った、木の皮を屋根や壁に使った例です。

ケンジ　こんな長さで使うんだ。もっと短く切っているのかと思いました。

関先生　そう。長板の代わりとして使っていたんですね。市街地の柾屋《まさや》さんが割った柾を使うのは、もう少しあとのことです。

ケンジ　よくまぁ、きれいにむきましたね。

サトミ　樹皮の種類で色を変えてる。オシャレかも。

関先生　ほら、ムシロがいっぱいあるでしょ（図3－❸手前）。これはね、掘立小屋だけど構造がわりとしっかりしています。

屋根などに樹皮を利用した小屋掛け（明治末期の撮影、北海道大学附属図書館所蔵）。図3-❸

ケンジ 丸太のまま使っている。四角に成形された木材は貴重だったんですね。

関先生 **そうです。**

サトミ なんか、切なくなってくるな……。

ケンジ そうですか。ワクワクしてきません？

サトミ いやー、女性の立場からしたらこの暮らしはちょっと。

ケンジ たしかに、炊事も大変そうだけど。

関先生 **小屋の写真に戻りますが、場合によって長柾が手に入ったときは、図3-❹のように屋根だけに使ったりもしています。**

ケンジ うわーっ。まわりが木だらけ。開拓地って感じがします。

サトミ でも、開墾すればここが自分の土地になるんですもんね。

関先生 **そこが本州の小作人の時代と違って、このまわり全部が自分の土地になると思うから、頑張れたのでしょう。**

屋根に製材された長柾を使っている小屋掛けの例（『殖民公報』62号、明治44年）。図3-❹

サトミ　本州の小作農時代に比べれば夢のような。

関先生　**苦労は苦労でもね。でも、いまじゃ想像もできない苦労だけれども。**

ケンジ　とにかく、体が丈夫じゃないとできませんね。

関先生　**そうですね。図3－❺はけっこうしっかりしているようにもみえますが、柱をみれば細いのも太いのもあります。こういうのは現地の材料を使っています。**

ケンジ　たぶん、建てる人の性格がでるんでしょうね。几帳面な人だったらちゃんとつくるし。

関先生　**性格よりもおそらく、付近にある材料や時間の問題があったと思います。とにかく急いで、その晩の寝場所をつくらないといけない状況もあったでしょうし。**

ケンジ　なるほど。じゃあ開拓というのは、まずは家を建てることから始まるわけだ。

サトミ　仮小屋での最初の夜って、どんな気持ちだったんだろう。

ケンジ　希望に燃えていたのか、はたまた打ちひしがれていたのか（笑）。

現地調達の丸太での小屋掛け（茶内北海道庁移住者世話所「茶内原野に於ける移住者入地状況絵葉書」、大正13年）。図3–❺

フランス人宣教師の描いた開拓小屋（M. リボー『蝦夷（北海道）の日本人とアイヌ』〈フランス語版〉、明治30年）

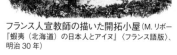

関先生 最初の夜はどうかわかりませんが、共同の居小屋から戸別の仮小屋に移ったときは、これで家族だけで暮らせるという喜びがあったようです。

さて、明治初期の保護移民の小屋には、これまでみてきた開墾小屋と違い、板ぶきで、石置き屋根の小屋もありました（図3－❻）。またなかには、新十津川村に入植した団体（55頁参照）のように、当時としては例外的にしっかりした家屋（図3－❼）を建てた場合もあります。この団体は、国や奈良県から特別な移住援助を受けていましたから。

開墾地の食卓。移住した日の最初の食事は？

関先生 さて、開墾地での初日の食事も気になりますよね。いったい何を食べたのか。

サトミ とっても気になります！

関先生 最初は食料といっても、持ってきた米と麦ぐらいしかないんです。あと味噌、塩ぐらいはあったでしょう。本州では米農家でも、普段は白米だけを食べることはまずなくて、麦を入れたり、イモや大根といった野菜を混ぜたり、それから山菜を入れたり。しかし開拓地での初日ぐらいは、麦は入れたかも知れませんが、米を食べたと思います。当時、白米を食べるなんて大変な贅沢でした。開拓時代、食生活が大変だったとよく言いますが、じゃあ国許《くにもと》にいたときはどうかというと、

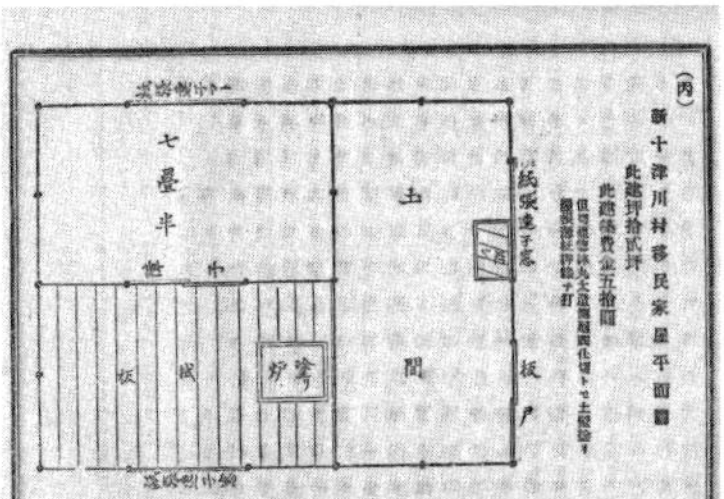

新十津川移民の模範的家屋の平面図（北海道庁殖民課『北海道移住問答』、明治24年）。図3-❼

札幌郡篠路村の板ぶき、石置き屋根の小屋（明治4年撮影、北海道大学附属図書館所蔵）。図3-❻

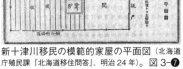

それほど変わらなかったと思います。裕福な自作農は別として。

ケンジ 開拓地でも故郷でも、食べるものはほぼ同じだったんですね。

関先生 でも、保護移民の場合はちょっと違います。屯田兵なら事前に家（兵屋）はできているし、最初の数日間はちゃんと炊き出しをしてくれました。その上、食料も貰えましたから。ただそれでもやっぱり、冬のことを考えて三度三度白米を食べていたわけじゃありません。麦や野菜を混ぜたりして。そういう、お米に雑穀とか野菜を混ぜたご飯を、カテメシ（粮飯）と言っていました。

サトミ カテとはどういう意味ですか？

関先生 カテはね、米偏に良と書く場合が多いのですが、米に雑穀や野菜を混ぜたものをそう呼んでいます。

ケンジ とにかく最初の1年は畑で作物が十分にはとれないから、食料の確保は至上命題ですよね。それでも畑ができると、いくらか食生活は豊かになるんでしょうか？

関先生 いや、開拓期を過ぎても、北海道の農家はカテメシを食べているところがけっこう多かったようです。

［自作農］27頁参照。

いよいよ、伐木・開墾がスタート！

ケンジ　さて、どうにか仮小屋を建てて、家族みんなで初日のご飯を食べました。ついに開拓生活が始まります。払い下げを受けた5町歩（5ヘクタール）の未開地を、5年以内に開墾しなければなりません。かなり大変だったと思うのですが、実際、開拓地の生活というのはどんな日々だったのでしょう？

関先生　**開拓期の日常の暮らしという場合に、ちょっと前置きを。ひとつは入植後どのくらいまでを開拓期ととらえるかによって話が違ってきます。木を切り倒して畑ができるまでの開墾期を狭い意味での開拓期ととらえるか。それとも、開拓を新しい集落、地域社会をつくり上げていく過程ととらえるか。今回は農業開拓、農村づくりを中心に話を進めていますので、伐木・開墾期を経てやっと畑ができあがった段階から、もう少し先の農業が軌道に乗るまで、これを開拓期とします。**

では、その開拓期の暮らしの特徴は何かというと、貧しく質素なのは郷里と同じですが、一番違うのは伐木・開墾（84頁図）という不慣れな重労働です。これに成功するかどうかで、その地に残れるかどうかが決まります。

ケンジ　とりあえず原始林を伐木・開墾しないと、先がみえてこないわけですね。

関先生　**そう。だからまずは、開拓生活の中で一番辛く、かつ最も重要な伐木と開墾について、詳しくお話をしましょう。**

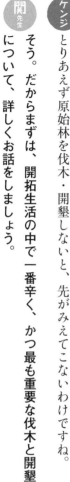

関先生　意外に思われるかも知れませんが、開拓者の多くは、伐木はほとんど未経験でした。開拓農民は本州でも農家だった人が多いので、農作業そのものには慣れています。ところが伐木と開墾は、山村からの移住者は別としてほとんど経験のない仕事で、しかもちょっと気を抜くと大ケガをする。場合によっては命を落とすようなこともありました。

サトミ　本州には、当時の北海道にあった原始林はないから、そういう経験もないんですね。

関先生　明治期になると、本州では北海道のような大がかりな伐木・開墾はほとんどないです。それで伐木という作業は、時期的にいつがいいのか。

ケンジ　木を倒すのに適した時期がある？

関先生　はい。開拓者にとって一番望ましいのは、雪が解ける前のカタ雪のころです。ひとつは、まだササが生い茂ってないから作業がしやすいこと。もうひとつは、雪が解ける前に伐木にかかれれば、雪解け後すぐに開墾ができます。早く開墾しないことには、次の冬を越す食料が、秋までにできないわけです。

サトミ　のんびりしていられない。急がないと。

関先生　そう。少しでも早く伐木を終えて、開墾にかかりたいわけです。

ケンジ　雪解け前というと3月ぐらいですか？

関先生　そうですね。北海道でも地域によって多少違いますが、だいたい3月から4月ぐらいでしょう。

ケンジ　カタ雪というのが、雪のない地域の人はわからないかも知れないのですが、要するに雪が少し解けて……。

関先生　春先で日中に陽が差すと表面が解けて、夜になるとまた凍《しば》れる。それを繰り返すと、雪が堅く締まってきます。

サトミ　埋まらないので、歩きやすいんですね。

関先生　そういうことです。ではどうやって木を倒すか。マサカリやノコギリ（86頁図）があれば倒せるかというとそうではなくて、それなりの方法があります。だけど未経験ですから、その方法に従わないで大ケガをする。ケガの一番の原因は、木が思った方向じゃなく、想定外の倒れ方をして……。

ケンジ　自分の方に倒れてくるとか？

関先生　そうそう。それで逃げられなくて、大ケガをすることがけっこうあります。与えられた未開地の伐木が終わるまで2年ぐらいはかかるから、それぐらいの期間があれば慣れてくるのですが、最初のうちはね。

さて、倒し方ですが、まずは倒す方向を決めます。それを間違うとケガする。枝

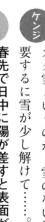

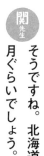

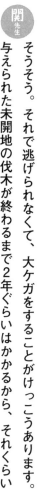

〈開拓地の伐木・開墾作業〉

札幌村の開墾風景（上島 正『札幌村開拓絵巻』、明治 31 年、北海道博物館所蔵）

明治末期の撮影。伐木、開墾を 1 枚の写真で表している（北海道大学附属図書館所蔵）

島田クワによる手起こし作業（茶内北海道庁移住者世話所「茶内原野に於ける移住者入地状況絵葉書」、大正 13 年）

十勝郡直別原野の伐木作業（明治 44 年撮影、河野本道旧蔵）

大正初期、常呂郡常呂原野の伐木・開墾作業（『殖民公報』77 号、大正 3 年）

明治後期に撮影された伐木・開墾の作業（原写真アルバム『北海道古写真』62、北海道大学附属図書館所蔵）

大正初期の切り株が残る新墾地。斜里郡上斜里・三井農場（北海道大学附属図書館所蔵）

新墾プラウ（89 頁参照）による泥炭地の開墾（大正初期の撮影、河野本道旧蔵）

ぶりとか地面の傾斜をみて、倒す方向を判断します。方向を決めると、今度は倒れる側の根本近くに、マサカリでウケというV字型の切り込みを入れます。大きな木ですから、それをやらないとノコギリで切っていっても、木の重みで刃が絞められて動かなくなるんです。

サトミ　なるほど。

関先生　倒れる側にまず切り込みを入れて、反対側から大きなノコギリで切っていきます。それでおもしろいのが、開拓地の写真をみると切り株の高さがマチマチなんです。雪のかなり積もっているときに伐木した切り株は、はしごをかけないと登れないような高さで（笑）。だから写真をみれば、ここは雪が多い地域だなとか、雪が残っている春先早くに伐木したなとか、いろいろなことがわかります（図3-❽）。

サトミ　伐木の経験がなかったということですが、何かマニュアルはあったのですか？

関先生　一応、開墾の手引きなどには書いてあるのですが、みんながみんな、それを読んでるわけじゃないので。

ケンジ　いるいる。説明書を読まないタイプ。

関先生　でもまあ、伐木の技術は少しやれば身につきます。それはともかく、何度も言うように開墾を少しでも早く進めるためには、

高い切り株が残る開拓地。場所は虻田郡倶知安村（明治30年代の撮影、河野本道旧蔵）。
図3-❽

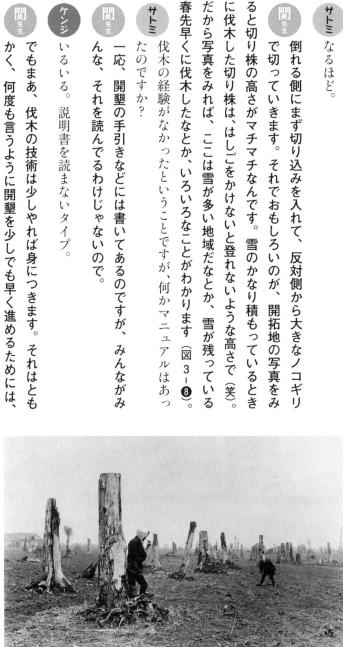

早く伐木をしないといけない。本当は、最初に払い下げを受けた未開地の木を全部切り倒した方がいいんです。ところがそんなことをやっていたら時間がかかる。特に初年度は冬を越す食料を確保したいので、少しでも早く作物を作付けしたい。そうすると木を全部倒さないで、最低限の本数を倒して、あとは枯らす、立ち枯れにさせるわけですね。

どうするのかというと、木の根元から適当な高さまで木の皮をはぐんです。50センチから1メートルぐらい。そうすると上まで栄養が行かなくなって枯れます。

ケンジ　いまだと鹿が、冬の間に木の皮を食べて枯れてしまうと問題になってますね。

関先生　それと同じことを人間がやるわけです。切り込みを入れてずーっと引っ張ると、かなり上までむけます。そうすると木は立っているのですが、葉が茂らないから地面まで光が届くので、作物が育つわけです。そんな風に伐木の手間を省く。そして、その年の農作業が終わって少し手が空いたときに、枯れた木を倒します。

ケンジ　木を倒したら、次はいよいよ開墾、畑をつくるわけですね。

関先生　いやいや、開墾はまだです。先に倒した木を動かさないといけない。でも、倒した長いままじゃ動かしようがないんです。いまみたいに機械があるわけじゃなく、切るのも運ぶのも全部人の手ですから。それで、枝を払ったり、動かせる適当な長さに切ったりするわけです。その切ることを「玉切り」と言います。幹

伐木・開墾用具。上から笹刈ガマ、草刈ガマ、トビグチ、マサカリ（鉞）、ノコギリ（鋸）の腰ノコ、天王寺ノコ（会津型）、同（土佐型）

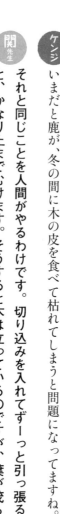

は畑の隅にできるだけ寄せておいて、薪にしたり炭に焼いたりします。あるいは道路がよくなって、市街地やニシン（鰊）の漁場まで運べれば、売れたりするわけです。でも、枝の方は適当な長さに切って、刈り集めた下草と一緒に燃やします。だから開拓地では、好天の日はいつも煙が上がっていました。

サトミ 焼いたあとの灰はそのままにして、肥料にするのですか？

関先生 そうです。ところが今度は、笹刈ガマ（鎌）で下草のササ（笹）を刈るのが大変なんです。昔のササは太く密集してますから。それで何度か経験してくると、ササが茂っているまま刈らないで火をつけて、枝と一緒に燃やすようになります。でもこれが原因で山火事になることもありました。それで、開墾地以外に延焼しないように2間（約3・6メートル）ぐらいの幅の防火線（火防線）をつくって、そこだけササを刈るわけです。

ケンジ 外まで火が広がらないように、まわりをぐるっと囲む感じですね。

関先生 ところが、それでも山火事になることがある。明治末に天塩地方北部で大きな山火事があって1か月近く消えなかったのですが、火元はササ焼きです。

サトミ 1か月も！　それは甚大な被害ですね……。

関先生 このように、伐木はもちろん下草の除去もなかなか大変でした。

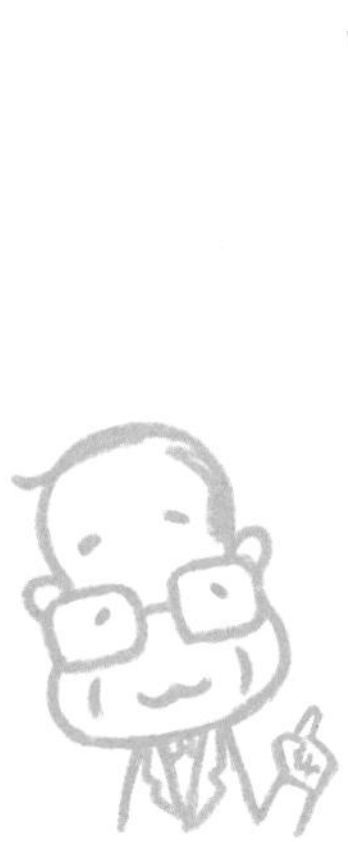

急いで畑をつくるぞー！

関先生　さて、伐木が終わり、下草刈りが終われば、次はいよいよ開墾ということになるわけです。

ケンジ　ここまででも相当大変な作業ですけど、まだ木を倒して下草を刈っただけなんですよね。

関先生　そう。ようやく畑をつくる作業に入れます。ただこれがまた大変なんです。木を切ったとはいえ、土中には木やササの根が張っています。だから、クワ（鍬）で力いっぱい耕しても、バンバン跳ね返される。

サトミ　まさに歯が立たない。

関先生　歯が立たない。だから開墾用の特別なクワを使います（図3-❾）。こういう丸い刃先を研いで使うんです。刃の形には工夫があって、地元の市街地の鍛冶屋が開拓者の注文に応じて、いろいろな形のものをつくっています。

サトミ　実際、どう使っていたんですか？

関先生　力を入れ、上からどんと垂直に振り下ろして、土を起こし、根も切っていくんです。

サトミ　丸い方が深く刺さるんですか？

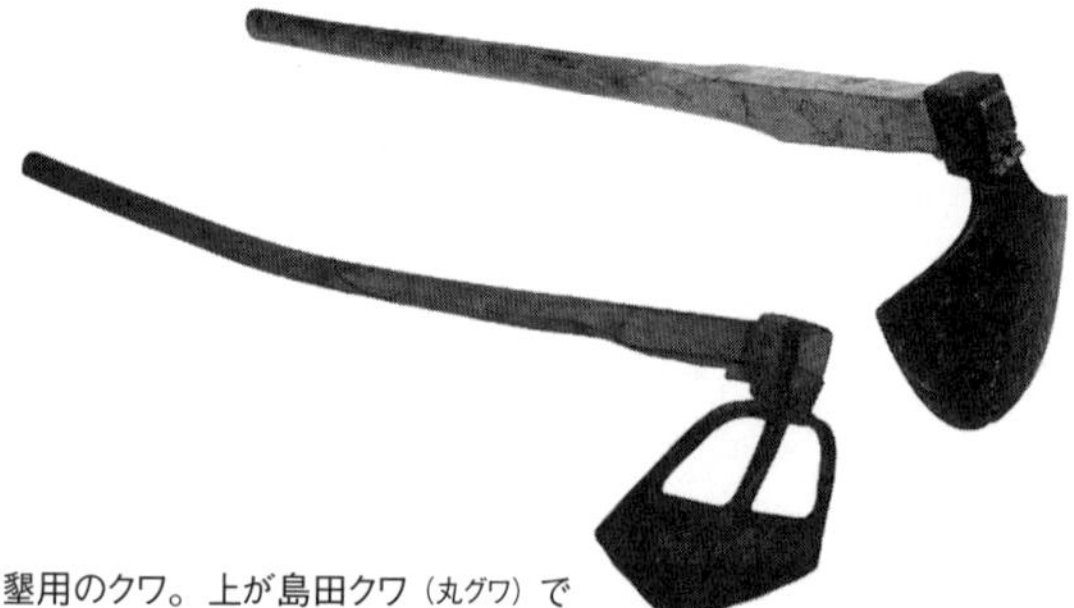

開墾用のクワ。上が島田クワ（丸グワ）で下が窓グワ（北海道博物館所蔵）。図3-❾

関先生 まっすぐの刃より、根を切りやすいんです。

ケンジ クワやマサカリ（鉞）がないと何もできない。町の鍛冶屋さんってすごい重要な仕事だったんですね。

関先生 そうですね。それで普通の開墾は手仕事なのですが、木があまり茂ってない草原地では、最初から開墾用のプラウ（図3-⑩）やハロー（図3-⑪）というアメリカから入ってきた洋式農具を使う場合もありました。

ケンジ プラウは土を掘り起こしていく農具ですね。

関先生 そうです。

サトミ プラウとハローの違いは？

関先生 プラウで土を起こすと、表面がガタガタになります。土の表面をめくるだけですから。それをハローで砕いて、平らにならす。それで、こういう農具を使うためには馬が必要です。ただ最初は樹林地が多いのでプラウが使えないのと、経済的に余裕がないので馬を持てない。開墾期は、まだプラウやハローは一般的じゃないです。

ケンジ 当初はなかなか手が出ないわけだ。

［プラウ］ 種まきや苗の植え付けの前に、耕地の土を掘り起こして耕す農具。主に馬に引かせて用いる。

再墾プラウ。図3-⑩

［ハロー］ プラウで起こした土塊を砕き、耕地をならす農具。砕土機。主に馬で牽引する。

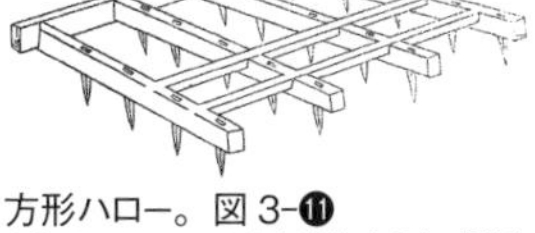
方形ハロー。図3-⑪
（プラウ、ハローとも北海道協会支部『北海道移民必携』、明治29年）

関先生　大正末から昭和に入ると、道庁が馬や農具を買うための補助金を出したりして、だいぶん様子が変わってきますけどね。
　では、比較的新しい大正末から昭和の初めころの写真を少しみてみますか。図3－⑫は十勝地方の写真で、北海道のなかでは遅くに開拓が本格化した地域です。

サトミ　意外と木が細いですね。

関先生　十勝は火山灰地が多いので、あまり大きな樹木は茂らないいんです。プラウ開墾は、プラウを使ってこの写真のように起こしていきます。けど、すべての開拓農家がプラウを使えたわけじゃありません。

ケンジ　これはかなり恵まれた状況なんだ。

関先生　全道的にみると、十勝はこういうプラウ開墾がほかの地域よりは進んでいました。

ケンジ　十勝平野というぐらいですから、比較的土地が平らですし。

関先生　切り株がほとんど残ってないでしょ。だからプラウが使えるんですよ。

大正末期、十勝地方の3頭曳プラウによる開墾（河西支庁「十勝の開墾状況」〈郵便はがき〉）。
図3-⑫

ケンジ　当時の本州の農家はこの写真をみて、北海道の農業は進んでいるなと思ったんでしょうね。

関先生　そうですね。さて、話を戻しまして、伐木のときにも時短のためにいろいろな工夫をしましたが、開墾のときも同じように工夫をしてるんです。普通、開墾というのは一面に深く掘っていくわけですが、それだと手間がかかります。どうしたかというと、作付けする作物の種類に合わせて手抜きをするわけです。

ひとつはクワで浅く数センチ削っていく「削り起こし」というのがあります。タネをばら播きする場合、表面だけ形ができていれば播きつけができるんです。それでソバ（蕎麦）、エンバク（燕麦）、ナタネ（菜種）などをばら播きするわけです。

ケンジ　たったそれだけでも育つんですね。

サトミ　本当はちゃんと耕してからタネを播いた方が、実入りはいいのでしょうけど……。

関先生　それはそうです。だけどとにかく、秋までにできるだけ食料を確保しないとダメですから。それから「筋起こし」という方法もあります。これは名前のとおり、種子を播く部分1条だけを起こすんです。それで畝《うね》と畝の間は、あとで除草のときとか、手が空いた際に起こしていく。これも開墾期特有のやり方です。例えばキビ（黍）、アワ（粟）などは筋播きですね。

さらに「坪起こし」というのもあります。これはポツンポツンとタネを播く場合、そのタネの周辺部分だけを起こすわけです。

［畝］畑で作物を栽培するため、細長く直線状に土を盛り上げたところ。

ケンジ　本当にタネのところだけ。

関先生　だけ。あとで除草とか土寄せをする際に、まわりを少しずつ起こしていきます。坪起こしはバレイショ（馬鈴薯、ジャガイモ）、ダイズ（大豆）、アズキ（小豆）、カボチャ（南瓜）、トウモロコシ（玉蜀黍）なんかですね。これは点播《てんぱ》とも言います。北海道独特の農業用語です。

サトミ　厳しい状況の中だからこそ、効率的に作業しないとダメだったんですね。

関先生　そうです。効率は非常に大事なのですが、開墾に必要な労力や時間の目安がありまして。当時は尺貫法で反歩、町歩という単位になりますが、1町歩の10分の1、1反歩を開墾するのに、草原地の場合は4～8人工《にんく》でした。1人工というのは1人の1日分の労働力です。だから1反歩を1日で開墾するなら4～8人が必要ということですね。木の本数とか下草の状況で一概には言えませんが、だいたいこれくらい。樹林地の場合は伐木作業が増えますから、1日で1反歩を開墾するのに、少なくて8人、多いところでは20人が必要でした。

サトミ　1反歩って、どれくらいの大きさ？

ケンジ　約1000平方メートルなので、32×32メートルぐらい。

［尺貫法］長さの単位は尺、質量の単位は貫を基本とした単位系。

［1反歩］約10アール、1000平方メートル、300坪。

関先生 いろいろな開拓の記録をみましたが、この程度の労働力は必要です。ただこれは働き手がいればの話です。人夫を雇うとなると、伐木して、下草を刈り、開墾する賃金は1反歩に10～15人かけて7～8円（3万5000～6万4000円）かかりました。

サトミ これは1人当たりじゃなくてトータルの額ですか？

関先生 そうです。

ケンジ じゃあ1人当たり4000円ぐらい。わりのいい仕事じゃないですね（笑）。

サトミ でも個人でこの金額を払うのは大変よ。

関先生 だから普通の貧しい農家は、こんなことはできません。開拓農家のなかでもわりと裕福で、家族が少ないところは、雇う場合がありました。

ケンジ そうか。逆に1人でやるなら、樹林地だと1反歩で最低8日、下手すると20日もかかるわけか。10倍の1町歩なら80～200日！

関先生 そう。だから女性や子供も働くわけです。女性は家事をやりながら、こういう作業もするんですね。

サトミ 当然、物心ついた子供たちも手伝うと。貴重な労働力ですよね。

関先生 **開拓者一家は大人2人、老人1〜2人、子供1〜2人が標準ですから、この人数で、道庁が払い下げる5町歩を5年以内に開墾しなければなりません。5年以内に開墾すればタダで自分の土地になるけれども、失敗すれば土地が取り上げられるわけです。**

サトミ 開墾ができているか、いないかの判断は誰が？

関先生 **道庁の役人が来て検査をします。成功検査といいます。**

ケンジ じゃあ今年で5年目となると、ドキドキですね。

サトミ わたしなら削り起こしでタネを播いて「畑です！」って言い張ります（笑）。

関先生 **それはどうかな（笑）。でも多少、融通はきかせたと思いますよ、頑張っていれば。**

ケンジ 5年で5町歩というと、1年で1町歩とか……。

関先生 **初年はね、1町歩から1町5反歩ぐらい開墾できれば、まぁいい方です。**

サトミ 1町歩ってどれくらいの大きさ？

［5町歩］約5ヘクタール、5万平方メートル、1万5000坪。

ケンジ　だから、1町歩は約1ヘクタール、100×100メートル。かなり広いです。

サトミ　その広さで労働力は家族だけでしょう……。

関先生　**だけどこれにパスしないと、自作農にはなれない。もちろん5年以内に失敗して現地を離れた農家だっているわけです。**

ケンジ　検査してダメだ、出て行けと。

関先生　**出て行けというより、貸し下げ地を取り上げられるんです。そうすると、その農家はほかの土地に行くか、成功した農家の小作人になるか。それで、道庁は取り上げた土地をほかの人に払い下げるわけです。だからそこの小作人になるという例もあります。**

サトミ　途中までやったところに入れる人は、ラッキーですね。

関先生　**そうやって新しい人が入ってくる場合と、すでに開墾に成功した近隣の人が追加の払い下げの申請をして、引き継ぐというのもけっこうあります。**

ケンジ　その人が新たに5年以内の開墾を目指すと。

サトミ　例えば検査をする役人が、その集落の人口を減らしたくないから、とりあえず終わってないけどOKを出すみたいなことはあったのですか？

関先生 それはないです（キッパリ）。

ケンジ う〜ん、少しは大目にみて欲しい。

関先生 だけど、大目にみられるような状況なら、きっとそうしてるんです。これはどうしようもできないな、という状況で頑張っていた開拓者がけっこういましたから。

ケンジ だからちゃんとやる気があって、頑張ったけど少しだけ足りなかったみたいな状況は、まあいいだろうと。

関先生 そうでしょうね。それで、何年ぐらいで開拓期を脱するかというのは、地域や個人で相当差があります。ぼくの見当ではだいたい10年間です。伐木・開墾だけだと5年ぐらいでしょうか。

サトミ 10年はなかなか、長いですね〜。

関先生 というのも、最初に払い下げを受けた5町歩の土地だけを開墾するなら、3年か5年で終わります。ところが余裕が出てきて、かつ周辺に未開地があると、追加でまた新しい土地の払い下げを受けるわけです。そうすると最初の開墾は終わっていても、追加の開墾分を含めると結果的には10年くらいはかかる。

おおざっぱな見当として、入植後およそ10年経てば、畑も整ってきて、農業がやっと軌道に乗ります。だけど同じ開拓期でも、入植した時期や資金力で状況が違

います。馬を購入して、プラウやハローといった洋式農具で効率的に農業をやる家もあれば、その隣には依然、開墾小屋に住んでいる家もある。

ケンジ　みんな同じように進むわけじゃないですよね。

関先生　ともかく開拓の記録をみると、伐木・開墾がとても辛かったと、よく書かれています。特に男性よりも女性が辛かった。女性が頑張った家は、何とかなるんです。表にはあまり出てきませんが、女性が北海道の開拓を支えたと言ってもいいでしょう。

ケンジ　男だけじゃどうにもならない部分を、女性の力で支えてくれたんですね。

関先生　そうです。女性は開墾から育児、家事、畑仕事と全部やるわけです。しかも着るものも食べるものも不足している。そういう状況で女性が頑張れたかどうかで、開拓の成否が決まります。いろいろな開拓の記録をみますと、それが実態です。

伐木・開墾の重労働、それから食料の不足。それでも開拓の資金を200～300円（100～240万円）ぐらい用意できれば、一冬は越せます。ひもじいですが飢え死にすることはない。ところが資金が100円以下、数十円しか用意できなかった人も中にはいます。そうすると、早く畑を起こして自給作物を収穫しないと、生活ができない。収穫があまりなかった農家には、飢えが待っているわけです。

サトミ　こっ、怖い……。

関先生　問題はこの辛い暮らしの中で、何を支えに生きていくか。一番の支えは独立した農家になりたいという強い希望です。本州ではほんの数反歩の土地で、小作農としてギリギリの暮らしをしてきたわけです。だけど北海道で頑張って開墾が成功すれば、本州の一般の自作農の5倍くらいの規模の農家になれる。

サトミ　一国一城の主になれる！

ケンジ　やっぱりそういう希望がないと。

関先生　それから、辛さを克服する喜びみたいなものもあります。例えば最初に原始林に入ると、空もみえないくらいうっそうと木が茂って、薄暗いわけです。そういう木を倒すのが大変なのですが、倒したらそこから光が差してくる。最初はスズメやカラスの鳴き声も聞こえてこないのですが、少しずつ木を倒して、畑ができて、農作物が育ち始めると、そういう野鳥たちが来る。いまからみると何でもないことのようだけど、それがとてもうれしかったそうです。

ケンジ　その感覚は、実際に伐木・開墾した人じゃないとわからないですね。

関先生　わからない。本当に素手で自然の中に入って、そこから切り開いた人じゃないと。

ケンジ　でもそこが最低だから、もう下がることはない。頑張れば上がっていける。

関先生　だから矛盾するかもしれないけど、そういう苦労が喜びになっていくんです。カラスが農作物の害になるなんていうのは、だいぶん余裕が出てきてからの話です。

サトミ　逆にカラスが来るだけマシになったと（笑）。

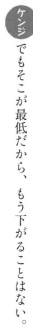

休み時間

関先生のこぼれ話❸

屯田兵とは？

ぼくが北海道開拓記念館に勤めていたとき、先祖を調べている人からの問い合わせが頻繁に来ました。みんな、うちの先祖は屯田兵だと。でも調べてみたら屯田兵じゃない人が少なくない（笑）。たぶん、北海道の開拓に来た人は屯田兵と思い込んでいたのでしょう。

さて、屯田兵は北方警備と北海道開拓のために置かれた兵農兼備の軍隊です。この制度により道内に37兵村が置かれ、約7,300戸・4万人が移住し、多くの分野で北海道開拓の先駆者としての役割を果たしました。

屯田兵は陸軍の兵士ですから、土地や住居（兵屋）、家具、農具などのほか、食料も最初の3年間は支給されました。それでも大変で、自給できるほど開拓を進めるのは簡単ではなかったようです。屯田兵の資格年齢は時代で異なり、明治17年（1884）までは18～35歳、翌年に上限が30歳、明治23年（1890）に25歳と引き下げられます。また明治24年には、それまで士族に限られていた資格の制限がなくなり、そのあとは平民（農民）が主体となります。そのころは警備よりも開拓に重点を置くようになり、士族から平民に転換し、年齢も引き下げたわけです。

屯田兵の入植地は、明治8年(1875)の琴似を皮切りに発寒、山鼻、そのあとは少し離れて江別、篠津、野幌。その次は、道東の根室郡和田に入ります。明治20年代には札幌の新琴似、篠路、室蘭郡輪西、続いて石狩川に沿って空知の滝川、美唄・高志内・茶志内、江部乙、秩父、一已、納内に置かれ、さらに上川の永山、東旭川、当麻、道東では厚岸の太田に及びます。明治30年（1897）に野付牛（北見）と湧別、そして明治32年に入植した天塩川流域の士別、剣淵を最後に、明治37年、屯田兵制度は廃止されます。

ではなぜ、屯田兵制度が廃止されたのか。長い間北海道では、開拓を優先するために住民の徴兵が免除されていましたが、明治22年函館・江差・福山に、同29年渡島・胆振・後志に、同31年には全道に徴兵令が施行されるようになり、明治29年に北海道に第七師団が置かれます。そうすると屯田兵のように軍事と農務を兼務するよりも、軍務は兵士に、開墾は一般の農民に任した方がいいということになり、廃止となったわけです。

4時限目

やっぱり大変なことばかり！ 開拓地での日常生活

・普段の仕事や収入は？
・生活費って、どれくらい必要だったんだろう？
・開拓小屋での暮らしって、どんな感じ？
・冬をどうやって越していた？　寒さ対策は？
・開拓「小屋」から、ようやくちゃんとした「家」に！
・普段は何を食べていたの？　当時のご馳走は？
・冬の食料はどうしていたの？
・開拓者の普段着、防寒着
・開拓地での苦労、困難とは？

普段の仕事や収入は？

関先生 開墾が終われば、いよいよ初期の農業が始まります。当たり前ですが、この農業が開拓者にとっての普段の仕事となるわけです。左頁に何点か、農作業の写真をまとめておきますね。

ケンジ おーっ。当時の様子がよくわかります。

関先生 それで、開墾後にどんな作物をつけたかというと、まずは食料を確保しないといけないので自給作物が主体となります。具体的に言えばダイズ、アズキ、サイトウ（菜豆、隠元豆類）、アワ、キビ、トウモロコシ（玉蜀黍）、ソバ（蕎麦）、カボチャ、バレイショ（通称ジャガイモ）などです。麦が入っていないのですが、開墾してすぐの場合は、麦は背丈ばかり大きくなって実が十分に入らないんです。それで2、3年経ってから麦をつけたという農家がけっこう多いですね。

それからどんな農具を使っていたかといいますと、刃の部分だけが鉄製の平グワ（鍬）や唐グワ、除草用の草取りグワ・ホー、農作物やササ、草を刈るカマ（鎌）、ナタ（鉈）、それからノコギリ（鋸）などです。あと大切なのがヤスリ（鑢）とトイシ（砥石）。このふたつがないと農家はやっていけない。木を切ったり土を起こすので、すぐ刃が切れなくなりますから。そして収穫後の農作業などに重要なムシロ（莚）や縄、農作物を収納・貯蔵するカマス（叺）や俵などです。これらはすべて稲ワラ製です。

［ムシロ（莚）］72頁参照。

〈開拓地と農作業〉

上川郡名寄太原野（現下川町）の開墾後の畑（明治 39 年）

明治末期の空知郡下富良野村（現富良野市）山部の開拓地

名寄太原野に入植した越中団体の農作業風景（明治 39 年）

開拓地での農作業風景。明治後期ごろ

ササ（笹）で屋根や壁をふいた小屋の前での農作業。明治末期

ササ小屋の前に、収穫物が並んでいる。明治末期

大豆畑での除草作業（北海道庁河西支庁『皇太子殿下行啓記念十勝国産業写真帖』、明治 44 年）

※右下以外の写真はすべて北海道大学附属図書館所蔵

サトミ ムシロはすごいですね。農具に窓に、扉にと。

関先生 敷物にもなりますし（笑）。それから大工道具も非常に大事で、開拓者や昔の農家は、自分でつくれるものは何でもつくりました。だから我が家にも、お祖父ちゃんの代に使っていた大工道具がたくさんありました。

サトミ 家が壊れても、自分で直すしかないですからね。

ケンジ たしかに、昔の祖父ちゃんの家にはやたら大工道具があった気がします。

関先生 そんなものが初期の開拓農家の道具ですね。先ほど出てきたプラウやハローが使えるようになるのは、開墾が終わってからです。そのほか、荷物を運ぶ馬車や馬橇《ばそり》も必要になるのですが、これは入植から10年ぐらい経てばたいていの農家で持てるようになります。

さて、開拓農家は農業だけでなく、その多くは副業をしないと生活できませんでした。ひとつは炭焼きで、これは原料の木がたくさんありますから。図4-❶は炭焼き小屋の写真です。

ケンジ 写真をみると、炭小屋も開拓小屋もあんまり変わらない（笑）。

［プラウ］89頁参照。

［ハロー］89頁参照。

大正末期、厚岸郡茶内原野での炭焼き（茶内北海道庁移住者世話所「茶内原野に於ける移住者入地状況絵葉書」、大正13年）。図4-❶

関先生 それで炭を焼くと当然、炭を入れる俵が必要になります。これは北海道ではヨシ（葦）とかカヤ（茅）を使って編んでいました（図４－❷）。炭俵は自分たちでも使うのですが、炭俵そのものを買ってくれる業者がいました。

冬には、冬山での伐木造材の仕事がありました。伐木作業や、馬を持っていれば馬橇で材木を搬送したりもします。市街地の運送屋さんに頼まれて、荷物を運ぶこともありました。それから炭鉱に働きにいったりね。

近くにニシン場があれば、そこでモッコ背負い（図４－❸）やニシン粕《かす》づくりの仕事をして、生ニシンを貰います。ニシン場で一番人手が必要だったのが、このモッコ背負いなのですが、ニシンを着岸した船から廊下と呼ばれた収蔵小屋まで運ぶ作業でした。

ケンジ モッコが木だから重たいんでしょうね。

関先生 当時の話にはよくニシン粕というのがでてきますが、ニシンの8、9割は肥料、粕にしたんですね。大きな窯で煮たニシンを胴（どう）と呼ぶ圧縮機に入れて、上から圧縮するんです。

サトミ これで絞られて出てくるのがニシン油なんだ。ニシン油は臭かったそうですね。

関先生 はい。それと山仕事の方は、この写真（図４－❹）は開拓者ではなくて専門の業者ですが、山で切り倒した木をまず一定の長さに切り揃え、運びやすい場所に集める、これを藪《やぶ》出しといいます。そして集めた木を、小さな板みたいな玉《たま》

炭俵編みも大切な副業だった（北海道庁『北海道凶作窮民状況写真画帖』、大正３年）。図４－❷

大正期のニシン漁場でのモッコ背負い（郵便はがき「北海道漁業一斑」）。図４－❸

橇《そり》の端に載せて、引きずりながら運んでいく。それで、山の麓には貯木場があって、そこに積んでおくわけです。そこから大きな馬橇を使うか、春先の雪解けで増水した川を利用して、バラのまま流します。

ケンジ バラのまま！　イカダに組んだりせずにですか？

関先生 小さい川なので、イカダでは下れないんです。そうやって石狩川とか空知川とか、各地の比較的大きな川まで出して、そこでイカダに組みます。

ケンジ じゃあ春先は、川の上流から木がどんどん流れてきたんですね。

サトミ 危険！

関先生 どこの川でもやっていたわけじゃないですよ（笑）。

サトミ 開拓農家は、伐木や開墾だけじゃなく、いろいろな仕事をしていたんですね。

関先生 ただ副業を熱心にやりすぎて、農作業がおろそかになってしまい、後々困ったなんて場合もあったようです。

［モッコ背負い］木製の背負い箱（モッコ）で、船から収蔵小屋（ローカ）までニシンを運ぶ仕事のこと。

［ニシン粕］ニシンを釜で煮て、圧搾して油をとったあと乾燥させたもの。窒素や燐（りん）が豊富で、魚肥として使われた。

冬山の造材作業（明治44年撮影、北海道博物館所蔵）。図4-❹

生活費って、どれくらい必要だったんだろう？

ケンジ 現金は欲しいけど開墾しないとダメだし、痛しかゆしですね。

関先生 お金の話がでましたので、開拓農家の家計、生活費についてみてみましょうか。道庁の手引きをみますと、移住初年の春先から12月までの食費は、4人家族でだいたい80円（40〜64万円）ぐらい必要とあります。

内訳は玄米が1石6斗5升（約248キロ）で24円75銭（12万3750〜19万8000円）、雑穀が3石3斗（約495キロ）で29円70銭（14万8500〜23万7600円）、菜料、これはおかず代ですが24円75銭（12万3750〜19万8000円）と。これはかなりお米を多く食べる想定で算出していますね。ただあくまで目安ですから、実際はマチマチです。

ケンジ 道庁では、かなり余裕を持たせた数字を出している感じですね。

関先生 前提として、十分な開拓資金がない農家がほとんどです。したがって開拓期というのは、自給自足が原則、現金収入がほぼありませんから。開墾期に期待できた換金作物、売れる作物は何かというと、豆類とか、食用油の原料となるナタネ（菜種）、馬の飼料のエンバク（燕麦）です。だから多少、自給作物の目途がついたら、こうした換金作物を作付けするようになります。あと、現金収入には先ほどの副業がありますが、本当にわずかなものです。開拓農家の家計は、自作農か小

［自作農］27頁参照。

作農か、あと開墾地の面積、家族構成などで本当にマチマチなのですが、いくつか例を挙げてみましょう。

明治29年（1896）に三重県の長島から苫前村（現苫前町）に入植した長島団体の例をみますと、入植後1年間に生計費、移住費も含めてだいたい200円（100〜160万円）前後が必要でした。ところが200円では足りなくて、借金をして返すのに困った農家もいたようです。

それはともかく、この200円が支出ですね。じゃあ、農産物を売った販売収入はどれくらいかというと、初年度はほとんどありません。どの農家も自分たちの食べるものをつくるので精いっぱいですから。それで2年目、いい農家ですと2町歩くらい開墾できた段階で、販売額は20円（10〜16万円）ぐらい。

ケンジ　まだ大赤字。

関先生　10年経って開拓が完全に終わり、5町歩くらいの安定した自作農になると300円（150〜240万円）から多いところで1200円（600〜960万円）の収入があります。

サトミ　1200円って、飛びぬけてすごくないですか。

関先生　これは自分の土地の一部分を小作地として貸して、小作料をとっていたからですね。

次に、明治30年（1897）前後に香川県から同じく苫前村に入植した例をみま

[小作農] 26頁参照。

[町歩] 1町歩が1ヘクタール、1万平方メートル。

[小作地] 小作人（26頁参照）に貸して、耕作している農地。

すと、こちらは生活費だけですが、移住1、2年目で年間30〜70円（15〜56万円）。この農家は自作地で4町歩ほど持っていたのですが、10年目で生活費３００円（１５０〜２４０万円）ぐらい。年収は10年目で２５０円（１２５〜２００万円）あって、土地の一部を小作人に貸していたので、そこからの収益が１００円（50〜80万円）。合わせて３５０円（１７５〜２８０万円）なので、まあそんなに豊かではなかった。

　同じ時期に三重県からきた団体は、１年間の生活費は１５０〜２００円（75〜１６０万円）となっています。もちろん、各戸や地域によって違いますけどね。

サトミ　だいたい２００円（１００〜１６０万円）前後が中心という感じですね。

ケンジ　2年目から食べ物は自給するとして、そのほかにかかる生活費は？

関先生　ひとつは米です。でも米はほんの少しです。農業をやっていると、どうしても買わなければいけないものがあります。ムシロや縄、それから農具も消耗しますので。

サトミ　じゃあ、服なんて買えないですね。

関先生　開拓者は着たきりスズメです。郷里から持ってきたものを着つぶす。晴れ着と普段着の区別もありません。

【まとめ】開拓農家の家計

①明治29年移住の長島団体
○生計費：移住とその後１年間で約200円（資金が不足し借金した農家あり）。
○年　収：農作物の販売額は２年目（２町歩）20円、10年目（５町歩）300〜1200円。

②明治30年前後入植の香川県移民
○生計費：移住１、２年目30〜70円、10年目（自作地４町歩）300円。
○年　収：10年後（４町歩）250円＋100円（小作料）。

③明治29年移住の三重団体
○生計費：移住後１年間で150〜200円。

『新苫前町史』

ケンジ　では、いま言った農業をするために必要な用具類と……。

関先生　**それから調味料は必要でしょ。ただね、本州では自分の家で味噌をつくっている農家がいたから、大豆が採れるようになれば、たいていの農家は自分たちでつくっていました。そうすると味噌をつくるときにタマリというのができて、それが醤油代わりになるわけです。**

ケンジ　じゃあ、調味料を買うといっても塩と砂糖ぐらいですか。

関先生　**そうですね。でも砂糖は貴重品です。それから最小限度の米。**

ケンジ　普段、お酒は飲まなかったのですか？

関先生　**清酒は飲みません。どぶろくは自分たちでつくっていましたが、それはもう少しあとのことです。**

ケンジ　開拓初期は、めったにお酒が飲めないのかー。辛いなぁ。

サトミ　楽しみに使うお金なんてなくて、本当に生活するための「生活費」なんですね。

ケンジ　娯楽費ゼロ。

［どぶろく］日本酒と同様に米と米麹、水を発酵させてつくる酒。清酒のように濾さないため、麹や蒸米が残り、ドロッと濁った酒となる。もろみ酒、濁り酒とも。

関先生　娯楽といえば、神社のお祭り、それとお盆、正月ぐらいですね。

ケンジ　開拓家族が食べるだけだったら、どれくらいの畑があればいいんでしょう？

関先生　自分たちで食べるだけなら、2町歩あれば。

ケンジ　では5町歩を開墾して、残りの2〜3町歩分の作物を売る感じですか？

関先生　そうでしょうね。そして5町歩となると、人力だけじゃとてもやっていけない。馬や洋式の農具を使わないと、農業ができないわけです。

サトミ　馬が持てるようになるのは、入植から10年後ぐらいでしたよね。

関先生　場所によりますが、全道的にみれば、明治30年代になるとかなり普及します。道庁の統計では、明治38年（1905）の北海道の農家数が専業、兼業合計で約11万5000戸だったのに対し、馬は約10万頭いました。

ケンジ　馬がいると違うんでしょうね。人の手でやるより早さが。

関先生　耕作面積も作付の方法も、まったく本州の農作業と内容が違いますからね。

開拓小屋での暮らしって、どんな感じ？

ケンジ　普段、開拓小屋ではどんな暮らしだったんでしょう？　トイレや風呂はどうしてたのかなぁ。小学生のような質問ですみません（汗）。

関先生　構いませんよ（笑）。では、トイレや風呂のことだけじゃなくて、普段の食べ物、着るもの、そして冬の越し方など、日々の暮らしの面をもう少し掘り下げてみましょうか。

まずは風呂や便所など、家まわりの付属施設、設備についてお話しましょう。トイレは開拓小屋ですから、家の中には当然ありません。屋外です。そうすると夜でも冬でも、いちいち外へ用足しに行かなければならない。男はいいですけど、子供なんかは怖いでしょ。それでどうするかというと、主として小便の方ですが、トイレ用の桶があってそこにします。桶を土間において。

ケンジ　臭いがすごそうですが……。

関先生　冬は寒いからそうでもないです。実をいうとぼくも、昭和10年代に経験しています。親戚の農家に泊まることがあったんですが、冬の小便は土間の桶でした。もちろん開拓小屋ではなくて大きな農家ですよ。立派な家を建てても、トイレは納屋の中とか外便所という家が、少なくありませんでした。

サトミ　外はしんどいなぁ……。

［開拓小屋］開墾小屋、仮小屋とも。75頁参照。

関先生 お風呂は、屯田兵村には初めから共同風呂（図4－❺）がありましたが、一般の開拓小屋にはないです。風呂桶や風呂釜を買う余裕なんてないですから。それで自然の流水を、夏だったらそのまま使う。冬だったら鍋や釜で沸かして、体を拭く程度です。太い半割りの丸太をくり抜いて、湯舟に使うこともあったようですが。

ケンジ 丸太をくりぬいた湯舟は、楽しそうですね！

関先生 開拓地だから太い丸太はいっぱいあるんです。それを適当な長さに切って、半分に割って、くりぬいて、水を張って。ただ木だから直火にかけるわけにはいかない。それで焼いた石を入れて、水を温めるんです。そうやって入浴したこともあったそうです。どこの家でもそうだったわけじゃないですよ。

サトミ お風呂も外ですか？

関先生 もちろん外です。開拓小屋は狭いですから。だから開拓が落ち着いて、新しい家を建てる段になってようやく、内風呂をつくります。ただ、立派な家を建てても、風呂は外につくるという場合もありました。

ケンジ 本州でも暖かい地方だと、母屋の外に風呂を置く場合があるそうですね。

関先生 こんなに寒くて雪の降る北海道で、なぜ本州と同じような造りにするのか。やっぱり経済的に成功すると、故郷と同じような立派な家を建てたいという

［屯田兵村］屯田兵（100頁参照）によって形成された集落。

旭川屯田兵村の共同井戸（左）と共同風呂（広沢徳次郎『屯田物語原画綴』1920年代、旭川兵村記念館所蔵）。図4-❺

のが、農民の願いなんですね。郷里の豊かな農家と同じような造りの家を建てたいと。

ケンジ お風呂は、どれくらいの頻度で入ったんでしょう？ 1週間に1回ぐらい？

関先生 夏は毎日じゃないと、外の作業で体は汚れますし、汗をかきますから。冬はおそらく週に1、2回で済ませたのかも知れません。

サトミ わたしが子供のころも、そうでした。

ケンジ たしかに、毎日は入らなかった。

関先生 それで、生活には水が欠かせないのですが、一般の開拓小屋に井戸はないので、近くの沢水や川水を使っていました。井戸ができるのは、もう少しあとのことです。ただ、どこでも掘ったら水が出るかというとそうではなくて、ずーっとあとまで沢水を使っていたところもあります。近くに山があって、その山に細い沢があるような場合は、そこからトイで水を引いてくるとか。

ケンジ 冬は大変だったろうなぁ。冬といえば、暖房はどうしてたんですか？

冬をどうやって越していた？ 寒さ対策は？

関先生　暖房は炉です。薪を炉で焚いて暖をとっていました。薪は開拓地だからいくらでもあるので、冬はとにかく夜通し焚きます。同じ木でも、切り株に近いところや節があって細く割れないようなところ、そういう木は燃えにくくて長持ちするので、夜中はそんな部分を炉に入れておきます。

ところが参るのは、煙が室内に充満するんです。開拓時代の女性は、炉で煮炊きもするわけですから、煙で目をやられる。薪ストーブが北海道の農村に入ってくるのは、場所によって違いますが明治の末ぐらいからです。

ケンジ　薪ストーブは便利だったでしょうね。煙突があるから煙は外に出ていくし。

関先生　そうだね。それで建物の冬の寒さ対策ですが、雪囲いとか冬囲いというのがあります。たいていヨシ、カヤを束ねて、柱を立てて横木を渡して、縄でずーっと連ねていく。それから、イタドリを乾燥させたもので壁を囲うこともありました。

ケンジ　それで暖かくなるものなんですか？

関先生　全然違います。ぼくが子供のころは、晩秋になると冬囲いを手伝うのが仕事でした。あとになると、新聞紙を短冊形に切って、それを窓枠と柱の隙間に糊で貼るという作業もしていました。それはずっと続きましたよ。でも、開墾小屋はガラス窓もないし、壁はカヤやササです。じゃあどうするかというと、壁にカヤ

昭和初期の炉のある農家の居間。江別町野幌（五十嵐齢七旧蔵）

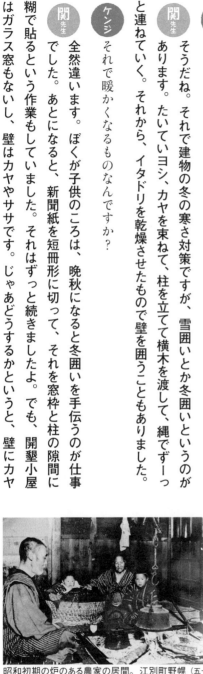

やササを差し込んで、隙間をできるだけふさぐ程度のことです。あとはひたすら薪を燃やします。

サトミ　よくそんな家で、北海道の冬を生き延びましたね……。

ケンジ　どれだけの寒さか、想像もつかないよ。

関先生　炉は暖房のほかに、照明の役目もありました。石油ランプは石油が高いから、貧しい開拓農家は買えない。だから漁村が近いところはニシン油を灯したりね。

ケンジ　基本的に、暗くなったら行動しない？

関先生　そう。日の出とともに起きて日没とともに寝る、といっても月夜に農作業をすることもあったそうですが。

さて、ここまでは開拓小屋時代の話です。開墾に成功して、経済的に余裕ができ、よし、ここでずっと暮らそうと決心がついたら、しっかりとした家を建てます。

開拓「小屋」から、ようやくちゃんとした「家」に！

サトミ　待ちに待ったうれしい瞬間ですね！

行灯（左）とカンテラ（北海道博物館所蔵）

関先生 はい。それで、従来の小屋は物置になります。

ケンジ そうか、農家さんの家の隣に、昔は家だった風の物置が並んでいるけどあれが……。

関先生 そうです。当時の農家の写真をみると、新しい家のそばに開拓小屋だったであろう建物が建っている写真がたくさんあります（図4－❻❼）。じゃあ新しい家の様式はというと、いく通りかのパターンがあります。ひとつは先ほど言ったように、郷里の豊かな農家が住んでいるような家を建てたいという希望がある。だから寒くて雪も多いのに、まったく本州と同じような住宅を建てることが多かったんです（図4－❽❾）。

サトミ 縁側をつくったり？

関先生 そうです。ただ さすがに外側は紙障子じゃなくて、ガラス窓が入ってます。それともうひとつ、郷里風じゃない場合は、屯田兵屋を改造したり（図4－❿）、その様式を取り入れた家屋があります（図4－⓫）。さらに郷里風と北海道的な様式の折衷型も現れます（図4－⓬）。屋根は柾《まさ》ぶきで縁側もあるような。そして壁

左が現居宅で右に移住当時の草小屋がみえる（明治40年撮影、北海道大学附属図書館所蔵）。図4－❻

福島県相馬地方からの移住者が建てた郷里様式の農家（北海道庁河西支庁『皇太子殿下行啓記念十勝国産業写真帖』、明治44年）。図4－❽

こちらも左が現居宅で右が旧宅（明治40年撮影、北海道大学附属図書館所蔵）。図4－❼

岐阜県稲葉郡からの移住者の郷里様式の農家（明治40年撮影、北海道大学附属図書館所蔵）。図4－❾

は下見板張りといって、板を横にして上下に重ねていく方法です。いまも古い家なんかには残っているんじゃないかな。

ケンジ　みたことがあります。あれなら風にも強そうですね。

関先生　うん、風も雪も入ってこない。

サトミ　屋根と壁がササやカヤだった時代を思うと、ずいぶん立派になって。

ケンジ　下見板張りは、屯田兵屋で用いられた工法なんですか？

関先生　そうです。明治の初めに開拓使が洋風の建築を札幌などに入れますが、そこから広まりました。そのほかの特徴は、ガラス窓が入り、さらに薪ストーブも入ります。ちなみに本州の農村にガラス窓が入るのは、ずっとあとのことです。北海道は早いんですよ。

サトミ　寒さ対策もありますからね。障子なんかじゃ、とてもじゃないけど北海道の冬は耐えられないもの。

関先生　明治の終わりから大正の初めになると薪ストーブが普及します。暖房が炉からストーブに変わると、柾屋根の上に付いていた煙出しが姿を消し、煙突が付きます。

改造された屯田兵屋と家族（明治30年ごろの撮影、北海道大学附属図書館所蔵）。図4-⑩

柾屋根や下見板張りなど屯田兵屋の影響を受けた農家（明治40年撮影、北海道庁『移住者成績調査第弐篇』）。図4-⑪

［屯田兵屋］屯田兵（100頁参照）の住居。

［柾］　71頁参照

［下見板張り］　外壁の板材を水平方向に、上下の板が少し重なるように張っていく工法。

［開拓使］　15頁参照。

ただ大正末ぐらいから、開拓が進むにつれ薪が不足して値段が高くなり、石炭が使われるようになります。炭鉱開発が盛んになって、比較的安く石炭が手に入るようになったので。大正末ぐらいから昭和の初めにかけて、都市部ではほとんど薪ストーブから石炭ストーブに代わります。でも農村では、相変わらず薪ストーブ。ぼくの実家も、昭和20年代までは薪ストーブでした。

サトミ　うちは両方使っていました。茶の間が石炭で、ほかの部屋は薪ストーブ。

関先生　風呂は薪で焚いていた家もあったでしょ。併用時代がありました。それから、座敷には畳が入ります。開拓小屋には畳なんてなかったですから。

ケンジ　畳が入ると、グッと家っぽくなりますね。

関先生　そして便所は、外便所の家もありましたが、内便所に変わっていきます。

サトミ　昔の家は、廊下の奥の方にトイレがありました。

関先生　そうそう。冬はそこまで行くのが寒くて。それから、風呂も内風呂になります。

ケンジ　ようやく、いまの家に近くなってきた。

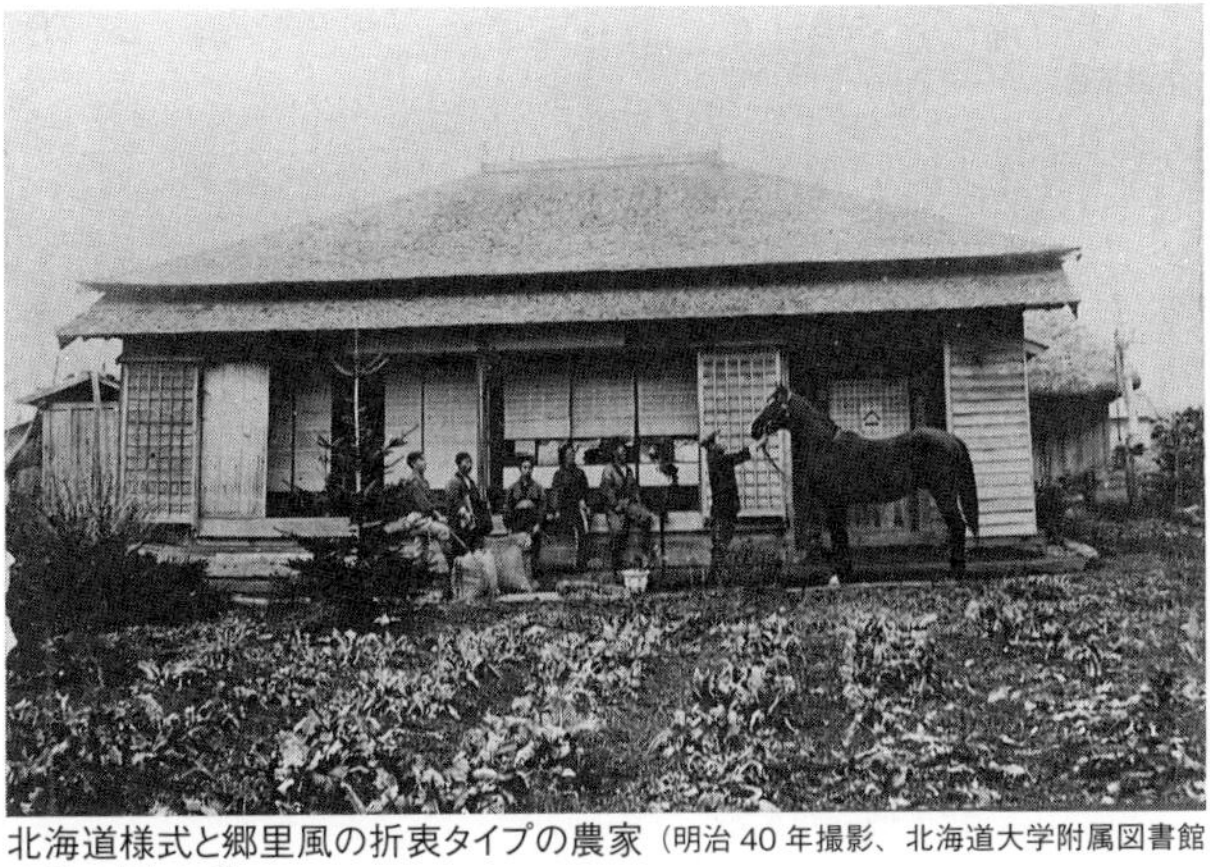

北海道様式と郷里風の折衷タイプの農家（明治 40 年撮影、北海道大学附属図書館所蔵）。図 4-⑫

関先生 いまの家と大きく違うのは、農家は馬を飼うから厩舎、馬小屋があります。納屋と馬小屋がだいたい一緒になっていて、納屋にはプラウやハローなどの農機具や、収穫した農作物などを収めていました。

普段は何を食べていたの？ 当時のご馳走は？

関先生 入植当初の食事については前に話しました（79頁参照）。それでは普段、何を食べていたかというと、米に雑穀や野菜を混ぜ込んだカテメシ（糧飯）です。

北海道に来た農民たちの郷里での食事はどうだったのか、調べたことがありますが、向こうでも貧しかったので白米を食べるのは1年にほんの数日です。いつもはやはりカテメシ。お米が2～3分と少しは入っていますが、それにヒエ（稗）とかアワ（粟）、麦を混ぜたり、野菜を混ぜたりしました。場所によっては、ほとんど麦だけの麦飯を常食とするところもありました。だから当時は、決して北海道の開拓者だけが貧しい食生活だったわけじゃないんです。

ケンジ 日本中の農村は、だいたい同じようなものだったと。

関先生 そうです。だから開拓地の常食はカテメシに味噌汁、それから漬物です。それが普通。そのほかにはカボチャとイモ、季節によってはトウモロコシ、これが主食みたいなものです。じゃあ、米はどれくらい食べたかというと、数人の開拓家族で、1年間にだいたい15キロから30キロくらいです。

石臼と木鉢

鉄瓶

鉄鍋

（すべて北海道博物館所蔵）

ケンジ　いまのほぼ1か月分じゃないですか。

関先生　だからいかに米が貴重だったか、米を食べるのが大変だったか。

サトミ　おかずがないから、せめてお米はたくさん食べたいのに（泣）。

関先生　開墾期、特に最初の年は食料不足に悩まされます。市街地で雑穀を買える家はいいけど、お金がない場合は本当に飢えに瀕《ひん》するわけです。それで野生の食べ物、山菜とか木の実も大切な食料となるわけです。カタクリ、ウド、セリ、フキ、ワラビ、ゼンマイ、ネマガリダケ。それからキノコ、クワの実、ブドウ、コクワなどを食べたと記録に載っています。

サトミ　当時の北海道にブドウがなってたんですか？

関先生　山ブドウです。山ブドウはたくさんなっていました。それから川魚でよく食べていたのはウグイ、ヤマベ、イワナ、ドジョウなど。

サトミ　ドジョウも？

関先生　ドジョウはけっこう食べていました。あとニシン場に近い開拓地の場合は、副業で稼ぎに行ってニシンを報酬でもらって、身欠ニシンやニシン漬にしたり。

そのような食事を日に何回食べていたかというと、非常に重労働だから昼に食べても夜までもたないわけです。だからコビル（小昼）という間食をしていました。

ケンジ 当時は、肉を食べられたのでしょうか？

関先生 肉はもう、大変なご馳走です。肉といったらカシワ、鶏肉ですね。豚肉は開拓期を抜けたあとのことです。そのほかのご馳走といえば、やっぱりハレの日の白米のご飯。ご飯だけで最大のご馳走です。そういうときには郷里で食べていたような料理を、材料は限られますが野菜はわりと採れるからそれを使っておかずにして。それからカシワ飯ですね、とりめし。

サトミ 鶏肉の炊き込みご飯。

関先生 肉だけじゃなくてモツも全部使ってつくります。あとは、とにかくなんでもいいから、お腹いっぱい食べられるだけでご馳走だと。だから秋の収穫期の食事は、量的にはご馳走でした。

ケンジ イモだけでもいいから、とにかく、たらふく食べる。

サトミ 普段はできなかったでしょうから。

関先生 そのほか、ご馳走扱いだったのがアワ（粟）餅とかイナキビ（稲黍）餅、それからソバ（蕎麦）切り。これはいまの普通のおそばですね。このソバに、カ

［ハレ］ハレは儀礼や祭、年中行事などの「非日常」のこと。普段の生活である「日常」は「ケ」と言う。

シワをいれたらもう最高の贅沢です。カシワそばですね。それとカボチャ団子、イモ餅、イモ団子なんかもご馳走でした。

ケンジ イモ餅、昔おばあちゃんにつくってもらったなぁ。

関先生 イモ餅とかイモ団子のつくり方は、家庭によって違いがあったようですね。さて、それでは作物の採れない冬は、食料をどのように確保していたのか。

ケンジ それはスゴイ気になります。

冬の食料はどうしていたの？

関先生 基本的に農作物が十分に収穫できれば、一冬は越せますが、それだけじゃ心許ないので、山菜や魚を加工・貯蔵するわけです。加工といっても干したり、塩漬け、糠漬けにするだけですが、野菜の葉も乾燥させて保存しました。それから、野菜は雪の中にも貯蔵します。いまも越冬野菜、雪下野菜なんてあるでしょ。ダイコンとかジャガイモ、ニンジンとか。でもカボチャはダメです。寒さに弱くてグズグズになっちゃう。

サトミ 雪室《ゆきむろ》ですね。いまも越冬キャベツとかあります。

関先生　畑に丸く浅い溝を掘って、その円の中にエンバク（燕麦）殻やワラ（藁）を敷いて野菜を置きます。その上にムシロやエンバク殻、ワラを乗せて土をかぶせて、雪が降ってもわかるように目印の棒を立てます。それを掘り出すのは、だいたい2月末から3月ぐらい。そうすると非常に甘みが増すんです。

ケンジ　そう言いますよね。冬においしい野菜が食べられるのはうれしい。

関先生　そうでしょ。それからあとは塩蔵です。フキ、ワラビ、ゼンマイ、ネマガリダケ、キノコなんかを塩漬けにします。イモやダイコンは乾燥させたりもしました。そのほかでは、わざと凍《しば》らせる方法もあります。例えばくずイモを凍らせて溶かすと、グチャグチャになります。それを潰してデンプンをとる。

ケンジ　普通だったら食用にならない小さなイモでも、そうすることで利用できるわけですね。

関先生　魚の貯蔵は、糠《ぬか》と塩に漬けた糠ニシンや身欠きニシン、あとは焼き干し。焼き干しというのは、ウグイとかヤマベとかイワナ、あまり脂が強くない川魚がいいのですが、それがたくさん釣れたら焼いて、ワラで編んで乾燥させます。もう50年近くも前に十勝開拓で有名な晩成社の調査をしたとき、その三幹部のひとりだった渡辺家で、大事にウグイの焼き干しを保存してありました。

ケンジ　それは、いまも食べられますかね？

［晩成社］明治16年（1883）に十勝に入植した開拓団。伊豆の豪農、依田勉三らが率い、リンゴ栽培やバター製造など、さまざまな新事業にも挑戦した。

関先生　食べられますよ。

サトミ　当時の人はどういう風に食べていたんですか？

関先生　煮つけにしたみたいです。麺類のダシにもします。非常に淡泊でおいしいですよ。今度やってごらんよ。

ケンジ　いや先生、まずそれを手に入れるのが困難です（笑）。

関先生　ぼくも子供のころはよく、魚を釣ったけど、冬になると罠でウサギを獲ったりもしました。多いときには一冬に5匹獲ったことがあります。昭和20年代の話ですが。

ケンジ　ウサギはおいしいんですか？

関先生　味はカシワに近くておいしいですよ。捕まえたら皮をはいで、板に張り付けて干すまでがぼくの仕事。料理は母に任せます。気をつけないといけないのは、膀胱を傷つけちゃダメなんです、臭くなるから。

サトミ　ウサギが冬の貴重なたんぱく源だったんですね。

関先生　話がそれてしまいましたが、あと冬の食料といえば漬物です。たくあんとかニシン漬けですね。食べ物の話はこれくらいにして、次は着るもの、衣服の話に入りましょう。

開拓者の普段着、防寒着

関先生　基本的には郷里から持ってきたものを、継ぎはぎしながら2、3年は着ます。着つぶすわけです。普段着と晴れ着の区別はほとんどない。少し余裕があれば、当時どこの市街地にも古着屋さんがあったので、古着を買ってきて多少手を加えて使いました。

衣服でも、雪と寒さに対する備えが必要です。だいたいは、江戸時代から続いている東北・北陸地方の積雪地帯の防寒着や作業着（野良着、図4－⑬）が基本です。特徴は綿を入れることと、布を重ねて厚くして綿糸で刺すこと。これは労働着を丈夫にするための工夫なのですが、寒さ対策にもなっていました。足元はワラ（藁）靴、ワラで作ったツマゴ（図4－⑭）。ところがワラは、開拓時代はまだ稲作が限られていて入手が困難だったので、スゲ（菅）やトウモロコシの皮などを乾かして、ゾウリ（草履）や深靴などをつくることもありました。

サトミ　トウモロコシの皮というのが、いかにも北海道らしい。

関先生　手袋は綿入れの手袋で、北海道ではテッカエシと呼んでいました。いまはミトンというのかな？　それから男の人が冬、屋外で働く場合は、綿入れの着物の上に毛皮の袖なしを着て……。

大正初期のキリスト教徒の福島団体（『殖民公報』76号、大正3年）

明治16年の晩成社の移民。まだ和装が一般的だったことがわかる（北海道大学附属図書館所蔵）

ケンジ マタギみたいな格好ですね。

関先生 ああいう感じです。足には赤毛布（赤ゲットウ、図4－⓯）を巻いて、ツマゴやワラ靴を履く。それから袋ホシという脚絆《きゃはん》も使います。ホシはアイヌ語から来ていると思われますが、筒形になっていて、それに少し綿を入れて刺してあるような、暖かい脚絆です。

頭部の防寒は、綿ネルの風呂敷風の布で顔を覆う。ネルはフランネル（柔らかく軽い毛織物）のことですが、これは肌触りがよくて暖かいんです。木綿を使ってフランネルのようにつくった布が綿ネルです。あとになると防寒用の外套とか、女性は角巻を使いますが、開拓当時は高価だったので、それはだいぶん経ってからの話です。

サトミ 角巻は、いまあまりみなくなりました。

関先生 そうですね。それから冬の夜具はどうしたかというと、いまみたいな暖かい羽毛布団はもちろんありません。だから、布団の下にワラとかスゲを叩いて柔らかくしたものを敷くんです。その上に布団を敷くと、いくらか下からの寒さを防げました。

あとは湯たんぽです。でもブリキの湯たんぽはまだ買えないので、最初は河原に行って少し固めの形のいい、平たい石を拾ってきます。それを焼いてから少し水をかけて、そうすると表面だけ少し温度が下がるので、そ

［刺す］衣服の補強や保温のために布を重ねて刺し縫いすること。

［ツマゴ］72頁参照。

赤ゲットウ（図4–⓯）

野良着（図4–⓭）

ツマゴ（図4–⓮）
（すべて北海道博物館所蔵）

れを布で包みます。日本の古い言葉では温石《おんじゃく》と言って、本来は懐に入れるものなんですが、それを湯たんぽ代わりにしていました。

ケンジ 風流ですね。実際はそれどころじゃないんでしょうけど。

関先生 それから開墾用の履物は、ササの根や木の根があって危険なので、足袋の底を厚くするわけです。何枚も木綿を重ねて刺した特製の開墾足袋（図4－⑯）ですね。

極端な例を言えば、木の板を足袋の底に当ててつくった開墾足袋もありました。みんな工夫していたんです。

サトミ 下駄は履かないんですか？

関先生 下駄は履きません。道路がある程度よくなれば下駄で歩けますが、開墾時代はそんな道じゃないです。だから、ゾウリやワラジが基本ですね。

ケンジ なるほど。道がぐちゃぐちゃだから下駄では歩けないんだ。

関先生 それで、衣服にしろ夜具にしろ、とにかく物がないので破れても継ぎはぎして使い切ります。衣服の多くは、郷里と同じように木綿とワラ（藁）の製品が多いですが、先ほども話したように、開拓初期にはワラが限られていたから、ほかの素材を用いたり、米俵のようなワラでつくられたものを解いて使うなどの工夫もみられました。

［マタギ］東北地方の山間部に居住し、昔ながらの猟の方法で熊や鹿など野生動物の狩りをする人々。

［脚絆］すねの部分に巻く布・革でできた脚衣。労働や長距離の歩行の際に、足を保護し、かつ動きやすくするために着けた。

［角巻］毛織物製の大形の肩掛け。四角形で、三角に折って頭から被り寒気や雪を防ぐ。

開墾作業に使われた開墾足袋。図4－⑯
（北海道博物館所蔵）

ケンジ 身の回りのものは基本、ワラか木綿みたいな時代ですね。

サトミ 洋装というのは、もっとあとの時代ですか？

関先生 **明治、大正期はまだ和装で、洋装はもう少しあとになってからです。シャツは明治の後半ぐらいには開拓地にも入ってきていますが、まだ一般化はしていません。都市部は別ですよ。当時の写真（図4-⑰）をみると、農村の風俗が洋風になるのは大正末から昭和の初めです。第一次世界大戦後ぐらいからですかね。**

ケンジ 我々は和装を着慣れてないので、この服で働きやすかったのかどうか想像もつきません。

関先生 **そうですね。でも当時の人にとっては、着慣れているものですから。**

［第一次世界大戦］　1914年7月に勃発した初の世界大戦。三国同盟（ドイツ・オーストリア・イタリア）と三国協商（イギリス・フランス・ロシア）の間で始まり、後に協商側に日本、アメリカなども加わった。1918年11月に停戦。1919年6月ベルサイユ条約締結。

明治40年の岐阜団体移民。シャツなど洋服の人もいる（『殖民公報』39号、明治40年）。図4-⑰

開拓地での苦労、困難とは？

関先生 開拓者の普段の暮らしということで、健康と医療についても少しだけ説明しておきます。開拓者の健康状況は、非常によくなかったです。重労働、食料不足、慣れない暮らしという悪条件が重なって、さらに作業中のケガも多かった。特に赤ん坊にしわ寄せがいくんですね。ぼくが子供のころ、昭和になっても、幼児が亡くなることは珍しくありませんでした。

サトミ 大人ですら大変なんですから……。

関先生 市街地に行けばちょっとした薬屋はありましたが、薬なんて高くて買えない。医者は少ないし、費用もかかるので、病気にかかっても病院には行かなかった。じゃあどうしたかというと、野草（薬草）などを利用した民間療法、それが頼りです。富山の薬屋が北海道にも進出して、置き薬が広まるのはもう少し経ってからです。開墾期には薬を買うだけの余裕がない農家が多かった。だから、いまなら注射1本で治るような病気でも、すぐに亡くなってしまう。

ケンジ 当時多かった病気やケガはなんですか？

関先生 栄養失調やお腹を壊すこと、あとは風邪が多かったようです。とにかく食料が不足していたから。

それで医者ですが、役場のある市街地には開業医が1人ぐらいはいて、そうい

う人たちに村や町が補助金を出す村医、町医という制度がありました。でも、一般の人はなかなか利用できなかった。出産も、病院ですることはほぼないです。なかには産婆（助産婦）さんがいて、そういう人に頼ることが多いです。お年寄りはそういう経験をしてきているので、お嫁さんの出産の手助けもできました。

ケンジ いまも自宅出産をする人がいますが、それとは事情が違いますね。

関先生 そうですね。あと、生活する上で苦労したのが、交通の不便なことです。必要なものは市街地に買いに行くわけですが、悪路を何キロも歩かなければならない。10キロ、20キロ歩くのは普通です。だから開拓地は物価が高いんです、輸送費が上乗せされるから。同じ開拓地でも、川をひとつ隔てただけで値段が変わることがありました。

ケンジ ただでさえ暮らしが厳しいのに、その上、物価高とは……。

関先生 それと関係がありますが、秋には、収穫した農作物を市街地まで運ばなければならないわけです。道路がある程度よくなって、馬車で運べるようになればいいのですが、そうなるのは5年、10年後の話です。

ケンジ いまはトラックで運べますけど、当時は大変だったんですね。話がそれますけど、そのころって農協みたいな組織がないわけですよね。開拓者はどこに作物を売りに行ったんですか？

［産婆］助産師の旧称。出産の際に分娩を助け、妊娠時から出産後まで世話をした。

関先生　市街地にいろいろな商店があったのですが、その中に農産物の仲買人がいました。そういう人たちは金融も兼ねていて、どういう風な取引をするかというと、まず農家が仲買人からお金を借りて、秋に収穫物で払います。農家も漁師も同じようにしていました。

だから市街地には、海産商や米穀商など専門の業者がいました。農協の前身になる産業組合ができるのは、明治の末から大正、遅いところでは昭和初期ぐらいです。それまでそういう組織はないから、農産物は買い叩かれて、でも金を借りているから文句も言えない。

サトミ　収穫できるかどうかもわからないですし。

関先生　そう。だから貸す方も多少のリスクは負っていました。

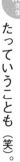

さて、話は開拓期の困難に戻りますが、役場が遠いんです。だから子供が生まれると役場に届けるでしょ。遠いだけじゃなくルーズでもあったのでしょうが、すぐに役場に出生届けを出さないことは、ごく普通でした。

ケンジ　じゃあ戸籍上の誕生日と、本当の誕生日が違ってきますね。

関先生　ぼくが聞いた話では、これは極端な例だと思うけど、1年ぐらいは届けなかったっていうことも（笑）。

あと開拓時代の苦労には、自然災害があります。当時は原始河川だから、ちょっと雨が降ると洪水になる。台風、豪雨の季節はもちろんですが、春先の雪解けの時期にも水がでる。農作物だけじゃなくて家まで水に流されることもよくありました。それから冷害凶作、病虫害もありました。札幌周辺と胆振、日高、十勝辺りで明治15～16年（1882～1883）、トノサマバッタが空が暗くなるほど集団で襲ってきて、農作物が大変な被害に遭いました。開拓小屋の中に入ってきて、衣服まで食べたと記録に残っています。

サトミ　それはすごい。

関先生　十勝の晩成社も、依田勉三が日記に残していますが、バッタで大変な被害を受けます。それで開拓が何年か遅れたというぐらいです。でもこれは例外で、日常の暮らしで開拓者を悩ましたのはブヨやヤブカ、ヌカカ。開墾していると、体中によって来るわけです。それでぼろ布に火をつけて腰から下げて、煙で虫除けをしながら農作業をすることもありました。

野生動物では、明治中期まではエゾシカが畑を荒らして開拓者を困らせました。

ケンジ　自然の濃さがいまと全然違うからなぁ。ヒグマの害はあったのですか？

関先生　ヒグマは開拓地にしょっちゅう出てきました。クマが住んでいるところに人間が入り込んだわけだから、出てくるのは当然ですね。だけど、ヒグマが人間、特に開拓農家を直接襲うことはほとんどありません。被害はまず農作物で、家畜を飼っている場合は牛や馬が襲われる。ヒグマにしてみればエサみたいなものですから。ただ、人間そのものをヒグマの方から一方的に襲うことはまずない。とこ

トノサマバッタ駆除の図（開拓使『北海道蝗害報告書』、明治16年）

ろが、人間の方が狩りをしようとする。一発で仕留められればいいけど、手負いにしてしまうと、凶暴になり大変危険です。その上、ヒグマは賢いから、隠れて人間を待ち構えて、襲うこともありました。

サトミ　待ち構えて！　それは怖いですね。

関先生　でも、一方的にヒグマが襲ってきたのは数例しかありません。大正4年（1915）に苫前郡苫前村三毛別（現苫前町字三渓）の開拓地で、ヒグマが10人もの開拓者を殺傷した大惨事がありましたが、この事件は特別なケースといえます。

ケンジ　先に人間側が、何らかのアクションを起こして……。

関先生　そうです。ヒグマは基本的に人間を恐れています。だから急に出合うとヒグマの方も驚き、慌てて攻撃してしまう。

ヒグマがいるようなところを歩く際は、音を出してこちらの存在を知らせれば、ほとんど出合うことはありません。だから、現代の札幌の住宅地や野幌森林公園にでてくるヒグマの問題と、開拓地の問題はちょっと性格が違いますね。

ケンジ　開拓期の方がうまく共存できていたのかも知れないですね。

出山に雇はれ中管理者の眼を窃み價二圓程のマキジャクを窃取せる事發覺し取押へられしが尚ほ此男は先月中三笠山村某工事に雇はれ中事務所の道具十二圓のもの窃取せる疑ひありて嚴重取調中

●熊害《いうがい》大惨事《だいさんじ》の詳報《せうほう》

既記の天鹽國苫前村字古丹別に内三毛別御料地に於ける巨熊出沒農民六名を咬殺し尚且六名を傷つけ十餘戸の農家へ闖入し同地方民をして震駭せしめたるは本道開闢以来未曾有の椿事なるが今詳報を得たれば記載せんに先づ死傷者氏名は左の如し

▼死者 青森縣北津軽郡七輪村字萩の澤阿部三太郎二女太田三郎内緣の妻阿部まよ(三十四)同青森市蜆町三郎養子橋見[illegible](九)留萌郡鬼鹿村齋藤たけ(三十四)同五男巌(六)同春藏(三)同石川縣羽咋郡生れ明影金藏(三)の六名

▼負傷者 明影安太郎妻ヤヨ(三十四)同四男明吉(十)工藤要吉(五十九)明影力藏(十二)次男勇次郎(八)長女ひさ(六)

其他立退き避難辛うじて危害を免れたるもの十三名なり先頭第一に被害を加へられし太田三郎方は御料農地六號に在り家人四人中同居人工藤要吉(五十九)は午前七時頃伐材のため登山し次いで戸主三郎も部落道路の架橋

まよは薪を持て熊と奮闘したるも力及はず夜具の中に隠れしを熊の攫ふ所となりたる事を發見したるも一同夜中の事なれは如何共詮方なく恐怖焚火を爲作一夜を同家に徹し翌朝に至り漸く近隣に通知し三十餘名の助勢を得て雪跡を辿てまよの屍体を捜査に登山せるに被害家屋より僅かに七十間餘の谿間に一頭の巨熊がまよの屍体を見張り悠然と控へ居るを發

大典奉祝 盛導道 聯合大會に於る
席上 速成菊 人形 翁の舞
作者 相岡爾流宗匠 木村如先氏

苫前村三毛別のヒグマ襲撃の大惨事を伝える新聞記事（「北海タイムス」1915年12月21日付）

開拓地における主なヒグマ事件

明治８年12月　虻田郡辨邊村（現豊浦町）：人家に侵入し１人咬殺、２人負傷。
明治11年１月　札幌郡丘珠村（現札幌市東区）：猟師１人咬殺、人家に侵入し２人咬殺、２人負傷。
明治13年10月　茅部郡砂原村（現砂原町）：５～10月に馬60余頭咬殺、10月猟師１人重傷。
明治37年７月　空知郡下富良野村（現南富良野町）：農家に侵入、１人咬殺。
大正４年12月　苫前郡苫前村大字力昼村三毛別（現苫前町字三渓）:10軒の開拓農家に侵入、8人（内、胎児１人。重傷・後日死亡１人）咬殺、２人負傷。ヒグマ事件史上最悪の惨事。
大正６年11月　上川郡剣淵村（現剣淵町）：人家に侵入し青年１人を咬殺。
大正12年８月　雨竜郡沼田村（現沼田町）：市街地から開拓地（御料農地）への帰路、５人を襲い、３人咬殺、３人重傷。

門崎允昭・犬飼哲夫『新版 北海道の自然 ヒグマ』（北海道新聞社、1993年）

休み時間

関先生のこぼれ話❹

開拓農家の必需品

開拓で北海道に渡って来る際、どんなものを郷里から持ってきたのか。多くの移民は貧しいので、元々そんなに家財道具を持っていたわけではないです。農具も、本州とは気候も条件も違うので、北海道に適したものをこちらに来てから揃えないといけない。だから開拓使や道庁は、できるだけ荷物を少なくしなさいと指導していました。

でも衣類や夜具は軽いこともあって、郷里で利用していたものを持ってきてます。移住してくるのは春先が多く、まだ郷里の衣類でいいのですが、冬は困るんです。東北や北陸の出身者は雪には慣れているのですが、やっぱり寒さは本州と全然違う。寒さにはずいぶん苦しめられたようです。

数人家族の一般的な開拓農家ですと、炊事用具、食器類で必要だったのが、鍋が大小各１、鉄瓶１、包丁２、茶碗５、椀５、皿５、柄杓１、手桶１、小桶３、ザル（笊）１、石臼１、擂鉢１など。石臼は穀類を粉食にして食べていたので、とても大切でした。家具は、開拓の初期はほとんどなかった。こっちに来るときに何かを入れてきた木箱が、唯一の家具と言っていいぐらい。

農具類は、比較的小形で、郷里でも使っていたものは持参しましたが、重い伐木・開墾用具や北海道的な洋式農具などは、現地の市街で購入することが多かったようです。主な農具は、平グワ(鍬)2、唐グワ3、備中グワ2、笹刈鎌1、草刈鎌2、コマザライ(熊手)2、山刀(鉈)1、砥石(荒砥・中砥)2、担桶1、ムシロ(莚)30、マサカリ(鉞)1などです。あと最小限の大工道具は、持ってきた人が多かった。

農具は補修や調整が必要になりますが、たいていの市街地には鍛冶屋があり、農具の製作や修理をしていました。いい道具を調べていくと、鍛冶屋はもちろんですが利用者の工夫がよくわかります。利用者の要望でカスタマイズされていくから、その土地に合ったものができていくんですね。例えば恵庭市に明《みょう》珍《ちん》さんという方がいるのですが、明治維新後に仙台から北海道に来て、元は刀鍛冶の家柄でしたので鍛冶屋になります。恵庭とか千歳一帯は火山灰地が多いのですが、その土壌に合わせて、明珍式と呼ばれる農具を次々とつくって重宝されました。開拓のかげには、そういう職人たちの頑張りもあったのです。

5時限目 開拓から町ができるまで

- みんなで力を合わせて、開拓集落をつくっていく
- 開拓集落に最初にできる公共施設とは？
- 市街地ができるまで
- 開拓地の交通事情
- 開拓時代の運搬道具と通信事情

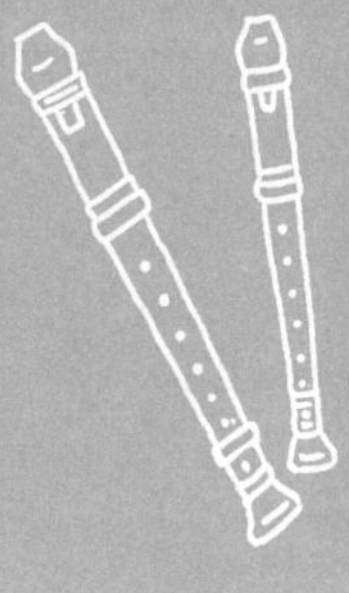

みんなで力を合わせて、開拓集落をつくっていく

ケンジ これまでは開拓者の個人の話でしたが、ここからは開拓社会の話ですね。

関先生 はい。ただ「町ができる」というのは、ひとつは開拓集落ができること、もうひとつは市街地ができることを意味するわけです。このふたつは切り離せない関係にありますが、まずは開拓集落の方からみてみましょう。

開拓集落は、町や村の一部です。そうすると集落の組織は集落独自の部分と、その村や町の行政組織と関連した部分の両方があるわけです。そこで、まずは当時の北海道の地方行政制度と組織について、少しだけお話しします。

明治の半ば過ぎまで、北海道の地方行政制度は、上は郡役所、その下に戸長役場がありました。もちろん戸長1人で町村の行政をやったわけではなく、その地域の有力者を総代人に任命して、地域の主だった人たちの協力を得ながら行政を行う仕組みです。明治30年（1897）に郡役所が廃止され支庁制度に変わります。支庁はいまの総合振興局ですね。いま「郡」はほとんど機能していませんが、昔は郡単位でした。

ケンジ いまも住所には空知郡とか虻田郡とか残ってますね。この郡の区域と支庁の区域はほぼイコールですか？

関先生 必ずしもそうではないです。ひとつの郡役所が複数の郡をまとめて管轄することが多かったように、いくつかの郡をひとつの支庁が管轄することが一般的でした。また、富良野村（現上富良野町）は空知郡ですが、管轄支庁は上川支庁と

［郡役所］ 44頁参照。

［戸長役場］ 明治初期に戸籍事務などを行った役所。現在の町村役場の前身。

［戸長］ 明治初期に区や町、村の行政事務を統括した責任者。開拓使、三県、道庁によって任命された。

［支庁］ 49頁参照。

いう例もあります。

サトミ　これだけ町の名前が変わってきたのに、まだ郡が住所に残っているのは不思議ですね。

関先生　さて、明治30年代には、戸長役場に変わって北海道にも本州に準じた町村制度ができます。町村を一級、二級に分けた「北海道一級・二級町村制」です。大雑把に言えば、開拓が進んで安定しているところは一級、そうでないところが二級と分けられました。

町村長と助役は町村会の選挙で選ばれたあとに道庁長官が認可し、町村会の議員は住民の選挙で選ばれます。町村の職員の中には、各集落から選出される部長という役員がいて、これは町村長が任命します。このような開拓集落の組織や役員は、団体移住の場合と単独移住者の集落とでは異なります。

団体移住の場合、団体長を総代人というのですが、総代人は資産も能力もある人が多く、当然こちらへ来てからも、そういう人たちが開拓地を統括していきます。ところが何年か経つと、やり手で能力のある人が指導力を発揮するようになっていく場合があります。そうすると、部落の長が当初の総代人からそういう実力者に変わることもありました。

サトミ　開拓地の下克上ですね。

関先生　また、部落から選出される村や町の役員は、まずは選挙で選ばれる町村会議員、先ほど出てきた部長・副部長、それから町村役場にはいろいろな委員が

［北海道一級・二級町村制］北海道独自の町村制。一級町村制は明治33年（1900）、二級町村制は35年（1902）施行。一級町村の基準は人口5000人、1000戸などあり、それに満たないところが二級町村となった。昭和18年（1943）に廃止。

［道庁長官］北海道庁の長官。初代長官は岩村通俊。昭和22年（1947）の地方自治法施行まで官選で任命された。現在の北海道知事。

［団体移住］32頁参照。

［単独移住者］単独移住。32頁参照。

置かれ、それも各部落から選ばれます。そしてこういう人たちが、開拓集落と町村役場とのパイプ役になるわけです。

ケンジ けっこう大変ですね。伐木・開墾や農作業もして、役場の公的な仕事もして。

関先生 そう。だから昔の回顧録をみますと、開拓は男衆がやったんじゃなくて女衆がやったんだと。

サトミ 男は政治にうつつを抜かして、みたいな（笑）。

関先生 何もないところに社会をつくっていくのですから、それは大変です。現代の町内会長ですら大変なんだから（笑）。じゃあ集落を維持するため、うまく回すために、どんな取り決めをしたかをみてみます。

団体移住の場合は「団結移住規約」という、移住のときの約束事があるわけです。その約束事が開拓地に入ってからも、かなりの部分が踏襲されます。その項目をみますと、「勤勉貯蓄」、これは一生懸命に働いて蓄えましょう、質素に勤倹して、みんなと仲良くしましょうということです。

ケンジ 若干、おせっかいにも感じますが（笑）。

関先生 いやでも、これをやらないと開拓地では生きていけない。隣は何する人ぞじゃ、やっていけないんです、助け合わないと。それから「罹災者救助」、これは病気や火事などで困っている人を助けようということ。ほかには「農業の実

況調査」があります。最初は自給用の作物をつくるだけで手いっぱいですが、農業を経営していくためには、売れる作物をつくらなければいけない。だから、どういう作物を作付けしたらいいか、どういう農具を使ったらいいか、場合によっては市場の相場とか、いろいろなことを調査しようということです。

サトミ いわゆる情報共有ですね。

関先生 そう、農業のね。それから「収穫物の販路開発」。

ケンジ それも自分たちでやらないとダメなのか。農協がまだないから。

関先生 そうです。あとは「法令・官庁の通達事項等の周知」「道路の修繕・清掃」「流行病の予防」。

サトミ どれもいまは役所の仕事ですね。

関先生 昔は役所をあまり頼れませんでした。こういうことは自分たちでやらないといけないわけです。いまは税金納めているから、役所がやって当たり前という頭になっていますが、当時は違います。役所を頼っていたら何も進まない。

ケンジ ある種の自主自立ですね。ところで流行病の予防って、何をしたんでしょう？

サトミ　手洗い、うがいをして、生水は飲むなとか、そういう話かな。薬もないし。

関先生　明治・大正時代の流行病にはコレラ、麻疹《はしか》、天然痘、流行風邪（インフルエンザ）などがあったので、それらに気を付けようということです。

それから「神社・学校等の創設と維持」、また部落を運営するための「基本財産の造成」というのもありました。

ケンジ　集落の共有財産的なものでしょうか？

関先生　そうです。部落全体で未開地の払い下げを受けて、それを小作人に貸して、そこから利益を上げようなんてところもありました。

ケンジ　中央官庁から予算が配分されるわけじゃないから、自分たちで稼ぐわけですね。

関先生　それから、集落の中には約束事を守らない人がいるでしょ。そういう場合の違反者の処分の規定とか。団体移住の決まりは、どこもこんな感じです。

ケンジ　これは法律ではなく……。

関先生　申し合わせ事項です。みんなでこうしようと。ただこのうちのいくつかは、道庁に提出した移住規約になっているから、守らなきゃいけないことになってはいます。

さて、そういう行政や組織とは別に、集落で無視できないのが実は宗教的な繋がりなんです。開拓時代というのは信仰が、いまでは考えられないくらいに重要でした。明治・大正期の北海道の移住者は東北・北陸地方の出身者が70～80％ぐらいで、この地方は浄土真宗が非常に強いところです。浄土真宗の信者は、親鸞聖人の命日に報恩講という行事をします。そのための組織があるのですが、村民全体が浄土真宗だったら、宗教的な組織が集落の組織と繋がるのは自然ですよね。だからそのような開拓集落では、報恩講のまとまりが集落を動かしていく。それで浄土真宗じゃない人たちがあとから集落に入ってくる場合は、本来の自分の宗派は別にあるけれど、そういう組織に加わることもあったようです。

サトミ 人付き合いは大事ですから。

関先生 それから団体移住の場合だと、親族が何戸かまとまってやってくる例もあります。そうすると、血縁的な横のつながりが、集落生活の中で大きな役割を果たしていきます。

ケンジ なるほど。いまでも本家、分家ってありますよね。

開拓集落に最初にできる公共施設とは？

関先生 そういう組織と合わせて、ひとつの社会をつくっていくのに不可欠な施設、設備がありました。真っ先につくったのは何だと思います？

［浄土真宗］ 36頁参照。

［親鸞聖人］ 鎌倉時代前半から中期にかけての僧。浄土真宗の宗祖とされる。

ケンジ　何だろう？　絶対必要なものですよね。

サトミ　まさかコンビニ？（笑）

関先生　学校なんです。

ケンジ　何よりも子供たちの教育を優先したんだ。それは、えらいというかスゴイです。

関先生　そう、最初は寺子屋式ですけどね。いまなら学校をつくるのは行政の仕事ですが、昔は最初から行政に頼るわけにいかない。なぜなら開拓時代ですから、いたるところに新しい集落ができていて、貧乏な村が最初から学校を次々につくるなんてできないわけです。それで、一番多いのは、お坊さんが開いた説教所を仮の学校（寺子屋）にして、何年間かはお坊さんが教師を兼ねるパターンです。

ケンジ　読み書きそろばんですね。

関先生　明治前半の士族の団体移民ですと、士族はインテリが多いので、読み書きが得意な、教養のある人がいる。そういう住民が先生を務めることもありました。それで何年か寺子屋式が続いて、開墾もだいたい終わって少し余裕ができたころ、集落に簡易教育所ができます。簡易教育所は、新たにしっかりした校舎を建てる例もありますが、掘立小屋から始まる場合がほとんどです。もしくは、それまで

使っていたお寺を借りることもありました。

ケンジ　そこにはお坊さんじゃなく、ちゃんとした先生がいるんですか？

関先生　そう。これが簡易教育所の写真です（図5-❶）。

サトミ　こっ、これが教育所？

ケンジ　壁や屋根はワラ（藁）ですか？

関先生　カヤぶきです。稲作はまだ行われてなく、藁はまだないので。これはいまの枝幸郡歌登かな。

サトミ　こんな粗末な……。

関先生　いやいや、これなんかまだ整っている方ですよ。

サトミ　雪が降ったら倒れそう。

ケンジ　そうしたら休校だな。あっ、窓がないですよ！

これは冬寒いでしょう。

カヤぶきの上幌別簡易教育所（明治35年撮影、歌登小学校旧蔵）。図5-❶

関先生　ガラスがないですから、ムシロを下げているんです。大正13年（1924）、浜中村の茶内原野に移住した開拓者は、柾屋根・板張りの共同仮住宅を特別教授所として利用していました（図5－❷）。

ケンジ　こっちはまだ、学校らしいかな。

関先生　開拓地では、普通の教育をやろうとしても子供たちが集まれない。親の仕事は手伝わないといけないし、学校までの通学距離もある、それから貧しすぎたりね。そのため本州と異なる、北海道独特の「簡易教育規程」や「特別教育規程」の制度がありました。

サトミ　それは北海道だけのものですか？

関先生　そうです。普通、当時は小学校が4年、あとになって6年制になりますが、北海道の簡易教育の場合は2年または3年。教科は修身、いまでいう道徳と読書、習字、算術だけ。通常の学校ではこのほかに作文、実業、体操、日本地理、日本歴史、唱歌、女子は裁縫などがありました。

授業時間は毎月25時間以上。開拓地でなかなか学校に来られないから、夜間でも日曜日でもいい。要するに、月に25時間以上出ればいいわけです。

ケンジ　1カ月が4週だとして、週6時間ちょっと。土曜に通ったとして1日1時間程度か。

移住者共同仮住宅を利用した特別教授所（茶内北海道庁移住者世話所「茶内原野に於ける移住者入地状況絵葉書」、大正13年）。図5-❷

関先生 開拓地の暮らしは土曜、日曜は関係ないですから。それで、簡易教育規定が適用されるのは最大6年間。スタートしてから6年間はこのやり方でもいいことになっていました。もちろん6年より前に普通の学校に変わる場合もあります。
それで校舎は先ほど言ったとおり、村や町を頼っていては建たない。だから材木は集落の人たちが山から切り出して用意しておく。それから運動を起こすこともありました。「自分たちで材料は準備したから学校を建ててくれ」と。

サトミ そこまでされたら、村や町も動かざるを得ないですね。

関先生 ただ問題なのが、修学状況です。このように開拓地の実情に応じた教育制度をとっても、まだ手伝いが忙しかったり、距離が遠すぎて学校に来られない子がいました。それから、弟や妹を背負って学校に来る子とか。

ケンジ おしんの世界（泣）。

関先生 そう。子守り学級なんて言葉がありました。

サトミ どれくらいの子が学校に行けたのですか？

関先生 半分は行ってますが、でも7~8割まではいかないかな。状況や時代にもよりますが。だから、学校の教具や教材は、机は木の箱があればまあいい方で、丸太を置いて上に板を張るとか。

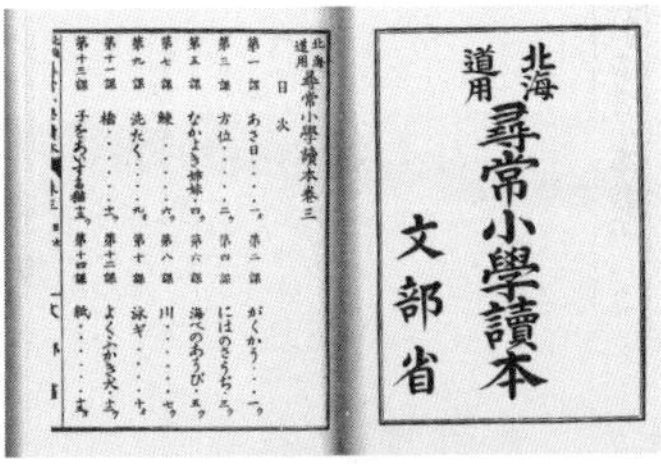
北海道用 尋常小學讀本
文部省

北海道用尋常小學讀本卷三
目次
第一課 あさ日 第二課 がくかう
第三課 方位 第四課 にはのさうぢ
第五課 なかよき姉妹 第六課 海べのあそび
第七課 鰊 第八課 川
第九課 洗たく 第十課 泳ぎ
第十一課 檜 第十二課 よくふかき犬
第十三課 子をあいする猫 第十四課 熊

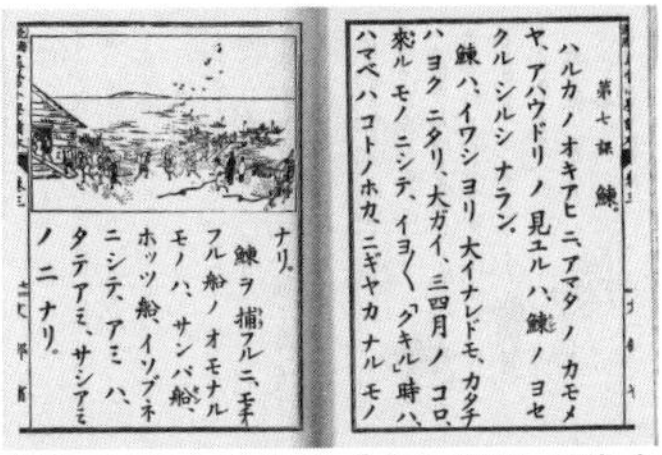
第七課 鰊。
ハルカノオキアヒニ、アマタノカモメヤ、アハウドリノ見ユルハ、鰊ノヨセクルシルシナラン。
鰊ハ、イワシヨリ大イナレドモ、カタチハヨクニタリ、大ガイ、三四月ノコロ、來ルモノニシテ、イヨイヨ「クキル」時ハ、ハマベハコトノホカ、ニギヤカナルモノナリ。
鰊ヲ捕フルニ、モチフル船ノオモナルモノハ、サンバ船、ホッツ船、イソブネニシテ、アミハ、タテアミ、サシアミノニナリ。

明治30年の文部省『北海道用 尋常小學読本巻三』（『地域教育史資料1　北海道用尋常小學読本』文化評論社、昭和57年）

【まとめ】開拓地の実情に応じた変則的な簡易教育制度

北海道庁「小学校教則」（明治28年）、「簡易教育規程（明治31年）、「特別教育規程」（明治36年）など。
○**修業年限**：2年または3年（普通は4年、後に6年）。
○**教　　科**：修身・読書・習字・算術（普通はほかに作文・実業・裁縫〈女子〉・体操・日本地理・日本歴史・唱歌など）。
○**授業時間**：毎月25時間以上（夜間、日曜日可）。
○**実施期限**：6年以内。

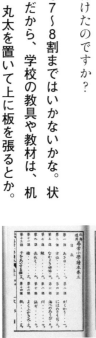

椅子は丸太の輪切り。黒板は板に墨を塗って。

ケンジ　黒板ということは、チョークはあったんだ。

サトミ　でも、墨の黒板ってこすって消えるんですか？

関先生　それがなかなか、きれいには消えない。いまみたいに板面はツルツルじゃないし、黒板拭きも雑巾みたいな布だから。それでも6年以内には、普通の尋常小学校になります（図5-❸）。

ケンジ　なるほど、それで尋常（＝普通）なんですね。簡易があっての尋常と。

関先生　そうです。尋常小学校になると、だいたいは木造校舎になって、ガラス窓が入って、大正時代になると冬はストーブもついて、だいぶん学校らしくなります。

ケンジ　ムシロからガラスへ、すごい進化ですね。

サトミ　昔のガラスはやはり高価だったのですか？

関先生　高価です。

明治30年代ごろの滝の川尋常高等小学校（高畑イク旧蔵）。図5-❸

［おしん］NHK連続テレビ小説。昭和58年（1983）4月から翌年3月まで放送。山形県の寒村に生まれ、極貧の中で明治・大正・昭和の激動期を生き抜き、スーパーマーケットの女性経営者として成功した「おしん」の生涯を描いた。

サトミ　子供のころ、ガラスを割ってすごく怒られた記憶があります（笑）。

関先生　さて、話を進めまして。開拓集落ではまず学校をつくりますが、それと同じように力を入れたのが神社の創建です。開拓民の精神的な結集、結束の中核になるのは神社、それとセットになったのがお祭りです。郷里でも神社を中心とした年中行事で、村がまとまっていたわけです。

しかも北海道では、厳しい自然環境に伐木・開墾の重労働、それに物不足、孤独感、それらに耐えて踏ん張るには、相当に強い意志と、信仰が必要になります。それで神社が、精神的な中核施設になるわけです。そして開拓者がその神社に集まるのがお祭り、年中行事ということになります。

サトミ　娯楽がないので、お祭りは楽しみだったでしょうね。

関先生　いろいろな集落の歴史を調べてみますと、入植後数年以内には神社をつくっています。ただ、いまからみて神社と言えるようなものではなくて、最初は切り株、切り株神社と一般的に呼んだりしますが、あるいは立ち木に注連縄《しめなわ》を張った程度です。

ケンジ　宗教的なものがないとやっていけないくらい、過酷な生活だったんですね。

サトミ　信仰って力になるんですね。きっと、収穫の祈願というのもあったでしょ。

関先生　回顧録では、開墾時代の数年間、普段は隣近所でもほとんど顔を合わせないことがあったそうです。みんなバラバラに離れているから、年に1回お祭りで集まって顔を合わせて、コミュニケーションをとっていたのでしょう。

ケンジ　そうか、みんな自分のことで精いっぱいなんですね。だから、孤独でもある。

関先生　そうなんです。助け合うのが大事とはいえ、開墾の作業は、各々が自分のことをやらないと終わらない。みんな同じ状況だから、手伝えないし、手伝ってももらえない。だから本当に孤独。本州とはまた違う神社の必要性というか、切実なものがあったのでしょう。最初は社殿もないので、立ち木とか切り株、または小さな祠《ほこら》を祀っていました。

サトミ　いまでも山奥に行ったら残ってますよね。

関先生　山神さまですね。それで、団体移住の開拓地では最初から、部落全体で神社をつくりますが、単独移民の場合はそうはいきません。最初は郷里を出るとき、自分の村や部落の神様を分祀してもらって、個人で祀る場合が多いです。それを近所の人がみて、私もお詣りしたいと。それで個人の家の神様から、隣近所の神様になって。

ケンジ　昇格ですね（笑）。

新十津川村の玉置神社（現新十津川神社）に、明治27年に奉納された絵馬。祭礼の様子が描かれている（新十津川町有形文化財、新十津川町開拓記念館所蔵）

関先生　それがやがて集落全体の神社になる、という場合もあります。神社らしい社殿ができるのは開拓が落ち着いて、経済的に安定し、多少余裕ができてからです。最初の祠から社殿ができるまでどれくらいかかるかというと、これはマチマチです。10年以内のところもあれば、20年かかってようやくという集落もある。

ところが、神社はできたけれど神主はいないのです。なかには移住のときに神主が一緒に来た場合もありますが、それは例外です。

ケンジ　たいていはいない。

関先生　そう、多くは神官不在の無願神社。この無願というのは願いが無いということじゃなくて、請願しない、許可を得ないという意味です。神社は届け出制になっていて、公認されると道庁の「神社明細帳」に登録されます。その台帳に載っていない神社を無願神社といいます。でも届け出ても、まず認められないのです。道庁としてはひとつの地域に、あまりたくさん神社をつくりたくなかった。

明治40年（1907）の道庁の統計では、道内の神社が570社登録されています。上から官幣社、国幣社、県社とあって、あとは郷社とか村社が町村にひとつくらい。その下が無格社といって、数は圧倒的に多いのですが、これは「無格社」という社格なんです。

ケンジ　なるほど、無格社は無願神社のことではないんですね。

【まとめ】明治40年の北海道内の神社

官幣社1、国幣社1、県社2、郷社48、村社226、
無格社292、合計570社

関先生 そう。集落にある神社の大部分は、無格社よりも下、登録されていない無願神社です。だから道庁の台帳をみても、各集落の神社はほとんど載っていません。

サトミ それを入れたら1000社ぐらいですか？

関先生 1000社ではきかないと思います。

ケンジ 極端にいうと、昔は地名の数だけあったのでしょうか？

関先生 まあ字名ぐらいでしょうかね。だいたい一部落がひとつの字名ですから。

ケンジ それだけ神社が必要とされていたんだ。

関先生 祀っている神様、祭神は、主神にまず天照皇大神（天照大神）がいて、それと出身地の神社の神様を合祀することが多いです。例えば香川県から移住してきた団体は金刀比羅《こんぴら》さん、島根県から来た人たちは出雲大社の祭神とかね。そういう郷里の、あるいはその近くの有名な神社の主神を分祀してもらう。

それから祭礼日、お祭りはたいてい移住記念日が多いです。お祭りは、開拓者の精神的な絆を深める「一致和合の団欒《だんらん》」の日であると、いろいろな記録に書いてあります。孤独と重労働から開放されて、家族揃って参拝する。そして開拓がひと段

〔天照皇大神（天照大神）〕太陽を司り、神々の世界・高天原を統べる主宰神。女神と解釈され、皇祖神とされる。

〔金刀比羅さん〕金刀比羅宮のこと。香川県の象頭山中腹に鎮座する神社。

〔出雲大社〕島根県出雲市にある神社。祭神は大国主大神。縁結びの神様として知られる。

落して暮らしに余裕がでてくると、故郷の祭りの行事を再現しようとなって、草相撲や獅子舞、歌舞伎、神楽をやるようになり、その一部が北海道の郷土芸能として、いまも残っています。逆に郷里ではもうなくなったものが、北海道に残っていることもあるようです。

サトミ　向こうで途絶えたような場合でも、移住先で大事に継承されているんですね。

関先生　そういうことです。さて、ここに、お祭りの雰囲気がわかる写真があります（図5－❹）。

サトミ　これはいつの写真ですか？

関先生　大正の初め。まだ切り株があるから開拓時代ですね。これは端午の節句です。

サトミ　あっ、奥に鯉のぼりがある！

ケンジ　戦後の焼け跡のようにもみえますが……。

関先生　いかにも開拓地の雰囲気ですよね。さて、神社の話をしたので、お寺についても触れておきましょう。

日本では江戸時代から、必ずどこかのお寺に所属しなけれ

常呂郡置戸村（現置戸町）の開拓地での節句祝い（大正初期の撮影）。図5-❹

ばならない寺請制度《てらうけ》（檀家制度）がありました。だから仏教は生活に組み込まれていて、当然移住先の北海道でも仏教的な行事が行われるわけです。特に神社と違って、冠婚葬祭のお葬式、不幸があったときにお寺がないと大変困る。近くに自分の宗派のお寺がない場合は、違う宗派のお坊さんに来てもらうこともありました。

そういうわけで、開拓者たちは自分たちの宗派のお寺を建てたいと思います。でも最初からお寺を建てられないので、説教所・説教場という形で始まります。最初は学校と同じように、掘立小屋を説教所にして、場合によってはお坊さんが学校の先生も務めました。そして何年かして信徒の経済力がつくと、寺院を建立し、何々山何々寺と寺号を公称するようになります。道庁と本山の許可を得てね。

サトミ 勝手には名乗れないのですね。

関先生 名乗れません。

ケンジ 神社とお寺はどちらが多かったのですか？

関先生 神社は集落ごとにできますが、お寺は必ずしも集落ごとにできません。市街地にできることが多いです。なぜかというと、宗派が分かれているから、それぞれの信者が少ないでしょ。集落の中でひとつの宗派のお寺を維持するとなったら、相当大きな集落じゃないと。

［寺請制度（檀家制度）］江戸時代、徳川幕府のキリスト教禁止令によって生まれた制度。キリスト教徒でないことの証として特定の寺院に所属し、寺院の住職は檀家である証明として寺請証文を発行した。

ケンジ　なるほど。市街地に浄土真宗や禅宗とかいろいろな宗派のお寺があって、それぞれの地域の同じ宗派の人をまとめてくれるわけですね。

市街地ができるまで

関先生　さて、次は市街地ができるまでをみてみましょう。ここまで開拓集落の成立を中心にみてきましたが、その開拓地が成り立つには市街地が必要です。市街地がなければ開拓は成り立たない。市街地というのは行政、経済、文化の中心地です。

ケンジ　開拓地、農村がなければ市街地は成り立たないし、逆もまた同じということですね。

関先生　そうです。では北海道の市街地はどのようにできてきたかというと、かなり古い時代はともかく、明治の半ば近くからは、最初から設定された道庁の「殖民地区画測設」事業（23頁参照）の中に、前に話されていました。というのも開拓集落ができれば、当然中心となる市街地が必要だから、最初から市街予定地をつくっておくわけです。このように北海道の市街地の多くは、計画的にできたものです。自然発生的に市街地ができた本州とは決定的に違います。

サトミ　その計画は、何か参考にしたものがあったのでしょうか？

明治末期の空知郡栗沢村（現岩見沢市）清真布市街（北海道大学附属図書館所蔵）

関先生 ひとつはアメリカですが、ただアメリカも、北海道のようにすべて計画されてできたとは限らない。ですから、明治以降の農村の中核となった市街地というのは、北海道的なものと言えると思います。

ケンジ 北海道の市街地は、ほぼ計画的につくられたと。では市街地の場所は、どうやって決めたのでしょう？　いろいろと位置関係をみて、だいたいこのあたりがよかろうと？

サトミ もしくは農業にあまり適さない土地とか？

関先生 いや、市街地というのは交通の便が重要なので、そういう地理的な条件を前提に設定しています。

サトミ じゃあ主要な道があれば、それに沿って？

関先生 そうです。市街地区画をする前に、すでに古い道路ができている場合と、まっさらな所とでは多少事情が違ってきますが。

また、北海道の市街地の特徴は、南北と東西で何条何丁目とする市街地区画が多いことです。これは明治初期に成立した札幌に倣ったものとみていいでしょう。札幌は南北が条、東西が丁目ですが、逆に東西が条になる場合もあります。

ケンジ 帯広がそうですね。

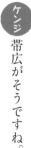

関先生　さて、市街地を設定する場合には規定が必要になります。道庁はいろいろな区画をやってきましたので、その経験を踏まえて明治29年（1896）に「殖民地撰定及区画施設規程」をつくりました。それをみますと、開拓農家300～500戸をひとつの村と想定しています。そして、ひとつの村にひとつの市街地を置こうというのが、当時の道庁の考えです。

開拓農家の場合は1戸分が5町歩ですが、市街地の1戸の貸下地（敷地）は間口6間（約11メートル）、奥行14間（約25メートル）、84坪以下と決めていました。

サトミ　これは民家もお店も同じですか？

関先生　そうです、これが原則です。それから市街地の機能を果たすために、官公庁などの公的な用地が必要となります。そういう施設は1万5000坪前後、学校用地はだいたい3000坪、病院の敷地は1500坪。それから神社やお寺も必要となりますから各1000坪ぐらい。そのほか公園や遊園敷地を、状況によって適宜置く。

墓地と火葬場も最初から設定しています。これは必ずしも市街地ではなく、1村のどこかに1か所1万5000坪ぐらいを予定しておこうと。こういう数字を前提に、開拓が始まる前から市街予定地が設定されていました。

ケンジ　最初からけっこう、細かく決めていたんですね。

関先生 市街地の官庁、公共施設は、戸長役場とか町村役場、場所によっては郡役所が置かれる場合もありました。さらに、巡査駐在所、郵便局、帝室林野管理局分担区員駐在所、消防組、各種の産業関係の組合、尋常小学校と尋常高等小学校。尋常高等小学校は尋常科のあとに通う2年間の高等科がある学校です。それから神社、寺院、病院、ある程度発展してくると劇場なんかもできました。そして、市街地の中心になる商工業者です。

サトミ どんな商売やお店があったんでしょう?

関先生 まず駅逓《えきてい》です。民間のもありましたが、人口がまだ少なくて経営していけないので、道庁が補助をして設置しました。建物は道庁がつくって、補助金もだして馬も配置し、人と荷物を逓送する、そういう施設です。そのほか普通の宿屋もありました。

経済的・産業的に非常に重要なのが、海産商とか農作物を扱う米穀商です。そのほか材木商も重要です。家を建てたり施設をつくるのに、木材は必ず必要になりますから。一般の商店では荒物屋、これは家庭、主に台所で使う日常用品を扱うお店です。いまなら何て言うのだろう?

サトミ ホームセンターかな?

関先生 そんなところでしょうか。それから女性の化粧品や着るものを扱う小間物店と鍋釜などを扱う金物屋は、どこの市街地にもありました。あと開拓時代の

［帝室林野管理局］宮内大臣の管轄下で皇室財産の御料林の管理経営を行った。明治18年（1885）発足の御料局を前身とし、大正13年（1924）帝室林野管理局と改称。昭和22年（1947）廃止。

［駅逓］168頁参照。

【まとめ】「殖民地撰定及区画施設規程」（明治29年制定）

農家300～500戸（1村）に1市街予定地を想定。
○市街地1戸の貸下地（敷地）：間口6間×奥行14間＝84坪以下
○官衙公署及公共用地：1万5000坪内外。
○学校敷地：3000坪。
○病院敷地：1500坪。
○神社・寺院敷地：各1000坪。
○公園・遊園敷地：適宜。
○墓地・火葬場：1村1カ所1万5,000坪。
○官公署・団体・学校など：戸長・町村役場、巡査駐在所、郵便局、帝室林野局分担区員駐在所、消防組、各種組合、尋常高等小学校、神社、寺院、病院（村医）、劇場

特徴的な店といえば古物店です。貧しいので新品を買えないから、着るものから日常の道具までなんでも扱っていました。さらに、果物・乾物店、魚店、質屋。昔は金融機関があまりないから、お金が必要になったら質屋さんにモノを持っていく。それから湯屋、いまの銭湯ですね。

ケンジ 銭湯はけっこうあったのですか？

関先生 大きな市街地でしたらありました。そして、いまでは信じられませんが、ちょっとした市街地ならだいたい酒造業、酒屋がありました。それから精米所。昔はお米を精白せずに貯蔵していましたから。

サトミ 必要に応じて精米するわけですね。

関先生 そうです。あとはお菓子屋、それから必ずいたのは大工です。大工がいない町はまずない。それと柾《まさ》屋・屋根屋ですね。昔の市街地はぜんぶ柾ぶきですから。市街地はカヤぶきの住宅が、たぶん許されていなかったと思います。

［柾］71頁参照。

ケンジ 美観を損ねるから？

関先生 それと火災予防です。カヤは燃えやすいので。そのほか建具屋、木挽き。木挽きは山に入って木を倒すのではなく、柱や板の製材業です。あと、鍛冶屋も必ずありました。さらに、馬車・馬橇《ばそり》をつくる車橇《しゃそり》大工、蹄鉄屋ですね。北海道の農業や運送には馬が重要でしたから。

ケンジ 蹄鉄屋は、鍛冶屋では代用できないのですか？

関先生 作業内容が違います。蹄鉄屋の仕事は大きく分けると二段階あって、ひとつは蹄鉄を馬の足に合わせてつくること、もうひとつはその蹄鉄を馬に履かせる（打ち付ける）ことです。ぼくは子供のころ、市街地に行ったら柾屋や鍛冶屋、蹄鉄屋の前でへばりついてみていました、おもしろくてね（笑）。

ケンジ そうでしょうね（笑）。

関先生 鍛冶屋からトンテンカンって、魅力的な音が聞こえてくる（笑）。それから、たいていあったのは桶屋です。当時は桶がなかったら生活が成り立たない。さらに左官屋、いろいろな工事の請負業者とか。あとは日雇いが多かった。昔はずいぶんいろいろな仕事があってね。

サトミ いまでいうフリーランサーみたいな？

関先生 まあそうですかね。

ケンジ 口入れ屋みたいなところに行って「今日こんな仕事あるけどやるかい？」と。

関先生 そうそう。必ずしも口入れ屋経由だけじゃなくて、直接頼まれたり。それから馬追いという運送業者もいました。夏は馬車、冬は馬橇でモノを運んでい

［左官屋］左官とは建物の壁や床などを塗る職人、またはその仕事のこと。

［口入れ屋］人材周旋を職業とする人。

た。市街地にはだいたい、こういった商売をする店がありました。

サトミ　こんなにもたくさんの業種がひとつの町にあったなんて、すごいですね。

ケンジ　この区画を払い下げます、となって開拓が始まりますよね。それは農村も市街地も同時期にスタートするのですか？

関先生　市街地の施設や店は、一気に揃うわけじゃありません。開拓移民が未開の原野に入ってくると同時に、どうしても必要な数軒のお店がまずできます。

サトミ　絶対に必要なお店というのは？

関先生　場所にもよりますが雑貨店、宿屋、食料品店など。どうしても買わなければならないものがあるので。

サトミ　塩とかムシロとか。

関先生　そうですね。古着屋はもうちょっとあとかな。その地域に必要なものから徐々にできていきます。

ケンジ　そうですよね、需要がないことには。

関先生　最初は、近くに大きな市街地がある場合はそこまで行って買い物をするわけです。近くといっても、5~20キロぐらい離れていることが多いので大変です。そこで生活に最低限必要なものを扱う店から、近くにできてくる。その状況が

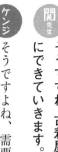

写真でわかるのが名寄です。

名寄市街（図5－❺）は区画が終わってすぐ、農家が入るのと前後して雑貨店、駅逓所、小売商、旅人宿、理髪業など数軒の店が開業しています。

ケンジ まず宿屋というのがおもしろいですね。

関先生 場所にもよりますがね。原野の奥だと開拓者しか人の行き来はないのですが、主要な道路の沿線だと、開拓者以外の人も通るでしょ。

ケンジ その人たちが、じゃあ日も落ちたからここら辺で泊まるかと。

関先生 そうです。だから時代や場所によって、市街地のでき方は多様です。

サトミ 質屋は、そんなに早くできなくても大丈夫ですね（笑）。

関先生 そうですね。一般の開拓者はモノを持っていくような余裕はないんだから（笑）。

ケンジ いまでも地方に行くと、製材所（材木商）をよくみかけます。

開拓初期の名寄太市街、西4条通。右手にすでに店らしきものがある（明治35年撮影、河野本道旧蔵）。図5－❺

関先生　開拓時代というのは、材木の需要がとても多いんです。市街地にいろいろな施設を建てるので、そこで木材が必要になる。それから明治・大正期は、日本全国で鉄道が急激に延びていきます。そうすると北海道の木が、鉄道の枕木として使われたりしてね。ただし、枕木は市街地ではなく、木挽職が山の造材現場で生産することが多かったようです。

ケンジ　少し話は戻りますが、300～500戸ぐらいの規模の町でこれだけの店や施設が整っていれば、町から出る必要がないですね。

関先生　そうですね。そりゃ高級品は札幌や小樽、函館などの都市じゃないと買えないですが（笑）。普通はだいたい、自分の生活区域の中で揃いました。

サトミ　いまだったら隣町まで車で買い物に行けますけど、当時はそんなことできないですもん。

関先生　車の話が出てきましたので、開拓地の交通事情をみてみましょうか。

開拓地の交通事情

関先生　前にも少し話しましたが、まずどこの開拓地、開拓者でも、開拓時代の苦労話や困難を聞くと、交通の不便が必ず挙がってきます。ただ移動するのに不便というだけじゃなく、物価にも関わってくる。

サトミ　運び賃が上乗せされるので、交通の便のいいところの方が物価も安いんですね。

関先生　そうです。汽車で大量に運べるようになるのはずっとあとの話です。開拓期は馬の背に駄鞍（だぐら）を付けて運ぶか馬車・馬橇か、あとは自分で背負うかしかないわけです。

開拓地で生産した作物を市街地まで運ぶのも大変でした。では道路はどうだったかというと、明治時代、道庁は道路を大きく以下のように分類していました。まず「国道」、その次が「県道」。これはいまの道道ですね。それからいまの市町村道にあたる「里道」「市街道路」、殖民区画の開拓地を通る「殖民道路」、刈り分け道のような「簡易道路」など。そういう区分で道路政策を行っておりました。

では開拓地はどのような道路だったかというと、里道が一般的です。大部分は殖民道路、簡易道路でした。里道は道路の幅が1・5～2間（約2・7～3・6メートル）、敷地幅が6～12間（約11～22メートル）。殖民道路は幅が2間で、敷地幅4～15間（約7～27メートル）です。

明治30年代の、夕張郡紅葉山・勇払郡穂別間の紅葉山山道（里道）の開削工事（北海道大学附属図書館所蔵）

簡易道路は、道路とは名ばかりの木を倒して草を刈っただけの道路ですが、草刈幅4間（約7メートル）で、道路幅はたった6尺（約1・8メートル）でした。

ケンジ　いまで言えば、ちょっとした遊歩道程度の道ですね。

関先生　それも一応、道路という扱いにしていたわけです。開拓時代の苦労話を読んでいると、一番困るのは春先の雪解けと、夏から秋の大雨の時期とよく出てきます。道路がグチャグチャになって通れなくなり、日常生活だけでなく、生産物を売るのにも大変苦労したようです。

サトミ　そうでしょうね。

関先生　開拓地のほとんどの道路がそういう状況でしたから、町村役場、道庁を頼っても、すぐには整備してもらえません。そこで住民が自分たちの力で、通りやすい道路にするためにいろいろな努力をしました。

まず草刈り、それから湿地の場合は道路幅の細い丸太か割り板を、横にして敷くわけです。そして、その上に砂利や土を盛る。それから水はけをよくするために側溝を掘ったり。しばらくすれば一応、道らしい道ができるのですが、それにしても昭和の戦前期ぐらいまでは悪路でした。ちょっと雨が降るとぬかるんで、馬車がはまって動けなくなることも珍しくなかった。それで、農閑期になると馬車で川から運んだ砂利を道路に敷きます。これはぼくが小さいとき、昭和10年代でもやっていました。

【まとめ】明治35～42年度の道路の分類

○**道路の種類**：国道、県道（現道道＝地方費道・準地方費道）、**里道**（市町村道）、**市街道路**、**殖民道路**（殖民区画地の道路）、殖民排水道路、**簡易道路**（駄馬の通行が可能な程度の応急道路）。
○**道路の規格**：**里道**の造成幅1.5～2.0間・敷地幅6～12間、**殖民道路**の造成幅2間・敷地幅4～15間。**簡易道路**は伐木・草刈幅4間以内・道路幅6尺。

ケンジ　畑仕事もあるのに、大変ですね。

関先生　図5－❻は、時代がさかのぼりますが、開拓使が力を入れた明治初期の札幌本道（函館・札幌間の幹線道路）を開削している写真です。

ケンジ　人力で山を削っている……。

関先生　すごいでしょ。それから、川を渡るための渡船場がありました（図5－❼）。渡船場は道庁が設置した官設と、私設のものがあります。私設は個人経営ですが、部落の人が共同で誰かに頼んで置くこともありました。その場合は農産物をお礼代わりにしたりしてね。ところが、春の雪解けの増水や洪水のときには使えなくなります。それで町村や道庁が木の橋を架けるのですが、こちらも増水のたびに流される。
　しっかりとしたコンクリート橋ができ始めるのは昭和の初めぐらいからです。

ケンジ　それまでは基本的に木の橋だったんですね。

関先生　そうです。だからすぐ流されます。また、小さな川の場合は吊り橋がけっこう多かったです。

サトミ　吊り橋だと、流されても架け替えやすいから。

明治5年、函館・札幌間の札幌本道開削工事（北海道大学附属図書館所蔵）。図5-❻

明治44年、上川郡上名寄村（現下川町）の天塩川上流にあった渡船場（北海道大学附属図書館所蔵）。図5-❼

関先生　図5－❽は、開拓が始まったばかりのころの吊り橋です。

サトミ　こっ、これを渡るんですか！

ケンジ　たしかに橋ではありますけど、床が薄過ぎる。

関先生　ワイヤーロープがみえますね。ワイヤーといっても、これは普通のロープですけど。

サトミ　これはどこですか？

関先生　北檜山の太櫓《ふとろ》です。ここに昔、若松という農場がありました。福島県の会津若松の士族が開墾組合をつくって入植した農場です。ぼくが住んでいた田舎でも昭和30年代ぐらいまで、吊り橋がありましたよ。

それから、北海道らしいものでは冬のスガ橋、氷橋があります。冬になると川が凍るので、氷上にヤナギなどの木の枝を敷き詰め、その上に雪を乗せて、さらに上から水をかけると、丸太を山のように積んだ馬橇が通れるくらい丈夫になるんです。

サトミ　ということは、それをしないでただ氷の上を行くのは危険なんですね。

会津殖民組合若松農場内の吊り橋、現せたな町（明治36年撮影、北海道博物館所蔵）。図5－❽

関先生　そうです。そのままだと氷が割れやすいので。スガ橋はいたるところでつくられていて、石狩川にもありました。

サトミ　すが橋の「すが」って何ですか？

関先生　氷のことを方言で「すが」とか「しが」と言います。童謡の「どじょっこふなっこ」に、「春になれば　しがこも解けて　どじょっこだの　ふなっこだの　夜が明けたと思うベナ」の「しがこ」も氷です。

サトミ　なるほど！　初めてその歌詞の意味がわかりました。

ケンジ　いま、すが橋があったら観光名所になりそうですね。

関先生　なるよね。それから、市街地の施設でも話がでましたが、当時は駅逓（図5-❾）というのが交通で大変重要な役割を担っていました。駅逓は、馬と取扱人を配置して、旅客の宿泊と貨物の輸送の継立などの便を図る施設です。

サトミ　いまのレンタカーみたいに、スタート地からここまで馬を乗ってきても、ここで乗り捨てられたのですか？

関先生　レンタカーとは少し違って、一定の料金で駅逓に配備している馬が、荷物を載せて運んでくれるんです。

明治末期の上川郡上名寄村一ノ橋駅逓所・然別郵便継立所（北海道大学附属図書館所蔵）。図5-❾

ケンジ　かつ宿屋でもあると。

関先生　そう。それから郵便局を兼ねている場合が多かったです。明治33年（1900）で169か所、大正10年（1921）で269か所、昭和10年（1935）で198か所ありました。

サトミ　すごい数ですね。

関先生　駅逓は開拓が進んで、交通が便利になると不要になるわけです。そうなると民間の旅館もできてきますから。でも数字をみると、時代が進むにつれ増えている。これは開拓地が地方の山奥、僻地に拡がっていることを示しています。
特に大正末から昭和になると、北海道の開拓地の中心は釧路、根室地方、オホーツク海の沿岸、宗谷地方となります。これまで気象条件が厳しく、交通が不便で敬遠していたところに、人を入れるようになるわけです。そうすると不便なので、駅逓がまた必要になるんですね。だからこれは、北海道開拓の特性を反映している数字と言えます。

ケンジ　大正時代より減った（269か所→198か所）のは、開拓が進んで必要がなくなった駅逓もあったからですね。

関先生　そう。大正時代前期は開拓の最盛期ですから。

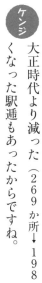

ケンジ 便利になったところはどんどん廃止して、新たに必要になったところにつくられたと。

関先生 そうです。新しい開拓地にできるということです。ただ、この駅逓制度は民間の旅館や郵便局の増加に伴い、昭和22年（1947）に廃止されます。

それから、北海道独特の交通機関に殖民軌道というのがあります。交通の不便な道東・道北に入る開拓者の保護政策としてつくられました。

新しい開拓地に日用品や農産物を運搬するために、道庁の拓殖費で鉄道と付属の倉庫を設置して、運営はその地域の開拓者たちに任せました。

最初の殖民軌道は大正14年（1925）に中標津と厚床《あっとこ》（根室線厚床駅）間の30マイルが開通します。昭和47年（1972）まで浜中町営の軌道が残っていましたが、ほとんどは昭和20年代の初めごろに、その役割を終えています。

［マイル］ 1マイルは約1・6キロで、30マイルは約48キロ。

ケンジ それは道路が整備されたからですか？

関先生 そうです。図5－⑩は地域の開拓者たちが労力奉仕をして殖民軌道を建設しているところです。

ケンジ 資材は道庁が持つから、労働力は開拓者たちが出してくれと。

関先生 そうそう。

大正末期、阿寒郡舌辛村（現鶴居村）での殖民軌道の建設工事（菅谷 涼旧蔵）。図5-⑩

サトミ　この場所はどこですか？

関先生　**阿寒の舌辛村、現在の鶴居村です。殖民軌道の写真はたくさんあります。図５－⓫はディーゼル機関車かな。ディーゼルを使っているのはいい方で、本来は図５－⓬のように馬にひかせる馬鉄でした。**

サトミ　殖民軌道が道東に多いのは、保護政策の一環でもあったし、それだけ道も悪かったんですか？

ケンジ　湿地だからぬかるんでいるとか？

関先生　**必ずしも湿地ばかりではありませんが、気象条件も厳しかったので。道東は昭和５～７年（１９３０～32）、９年（１９３４）と大凶作が続き、開拓に大変苦労しました。**

サトミ　なるほど、そういう事情があったのですね。湿原を走る殖民軌道は乗ってみたかったなぁ。

昭和初期の標津郡士別村 中標津停留場付近。ディーゼル機関車がみえる（北海道庁拓殖部『殖民地大観』、昭和６年）。図5-⓫

昭和初期、川上郡標茶村の久著呂殖民軌道。馬が貨車を引いている（旧標茶町史編集室蔵）。図5-⓬

開拓時代の運搬道具と通信事情

関先生　開拓時代の運搬方法や運搬具をみますと、やはり主役は馬です。馬を使う場合は二通りあって、馬車が使えるような道路ができれば、馬に馬車とか馬橇を引かせてモノを運びます。悪路の時代は、馬に直接駄鞍（だぐら）を付けて、その鞍にモノを結《ゆ》わえつけて運びました（図5－⑬）。

それ以外では、人が引く橇や川舟ですね。石狩川、天塩川、釧路川のような大きな川では、船で物資や人を運んだ時代があります。

サトミ　江別の石狩川のところに、蒸気船が来ていたと聞きました。

関先生　そう。江別は少し内陸ですが、鉄道の江別駅のほかに石狩川航路の江別港があって、河口の石狩や上流の滝川あたりまで人や荷物を蒸気船で運んでいました（図5－⑭）。

ケンジ　蒸気船が石狩川を進むところ、みてみたかったなぁ。

関先生　立派な外輪船です。

昭和初期、檜山地方で撮影された炭俵の駄送（旧札幌営林局所蔵アルバム）。図5－⑬

［外輪船］船の後ろや左右両側に取り付けた大きな水車を回転させて走る船。

サトミ　でもあっという間に鉄道や道路が整備されて、役目を終えてしまったのですね。

関先生　それから、交通事情で昔と現代の大きな違いは、いまは雪が降ると除雪してくれますが、昔は除雪はほとんどされませんでした。

ケンジ　いやいや、除雪なしは辛いですよ！

関先生　だから雪が積もると、その上を踏み固めて歩いたり、橇を使ったりしたわけです。

サトミ　国道も除雪なしですか？

関先生　そうです。一般的に冬の除雪が行われるようになるのは、札幌などの大きな市街地は別として、昭和20年代の後半あたりからでしょう。だから当然、大雪とか吹雪になると道が埋まってしまう。ぼくの経験では、そうなると道がどこにあるのかまったくわからなくなります。

ケンジ　見渡す限り真っ白で。

関先生　一面埋まってしまうから。でもね、馬は賢いです。

サトミ　道がわかるんですか？

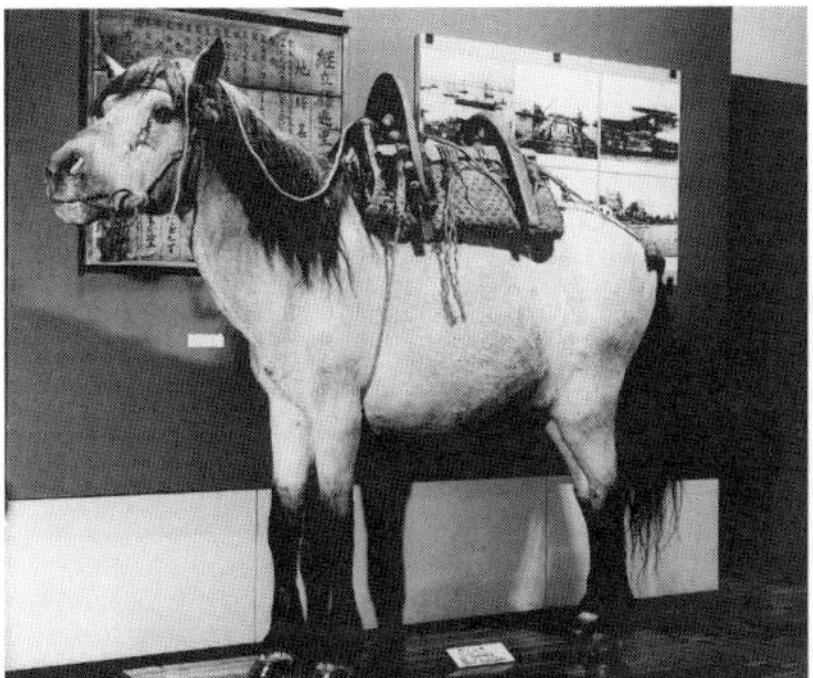

駄鞍を付けたドサンコ（旧北海道開拓記念館常設展示、北海道博物館所蔵）

明治40年ごろの馬橇による運搬。北海道水産試験場千歳支場にて（北海道庁『東宮殿下行啓記念上巻』、明治44年）

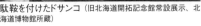

関先生　例えば子供のころ、馬橇に乗せてもらって市街地に行くでしょ。そういうときに吹雪いても、馬に任せておけばちゃんと家まで帰れる。

サトミ　雪に埋もれている道がわかるんですか？

関先生　そう、馬はすごいですよ。子供のころ、そういう経験を何回もしました。

ケンジ　へーっ！　人間だったら絶対迷子になる。

関先生　間違いなく迷子です。ホワイトアウトですから。だからそういうときは、馬とか犬が頼りです。犬も賢いので。さて、交通の次は通信についても少し。

通信といえば郵便局ですね。とはいえ、開拓集落に郵便局が置かれるようなことは普通はないです。だいたい市街地に置かれて、最初は無集配局です。だから部落の中のお店にポストが設置される場合はあったけど、郵便局が配達してくれることはありませんでした。

ケンジ　無集配というのは、自分のところに送られてきた郵便物を、郵便局まで取りに行かなければならないということ？

明治44年、石狩川航路の江別港付近（北海道博物館所蔵）。図5-⓮

関先生 そういうことです。あと情報を手に入れるのは新聞ぐらいしかないのですが、一般の開拓農家に新聞をとる余裕はありません。昭和の初めになっても、一般の開拓農家はほとんど新聞をとっていないです。

サトミ 昔は富山の薬売りみたいな人が1年に何回か来て、そのときに町の話や世情を聞くのが楽しみだったと聞いたことがあります。

関先生 そのとおり。富山の薬売りというのは人々の情報源でした。全国を歩いているから、各地の情報を一番知っていたんですね。

休み時間

関先生のこぼれ話 ⑤

開拓のリーダーたち

開拓者を語る際、よく枕詞《まくらことば》のように「開拓精神に燃えた人たち」と言います。でも実際、初めから開拓精神に燃えてきた人たちは少なかったと思います（笑）。当初は、貧しくて仕方なく来た人が多かった。しかし、団体移民のリーダーの中には、間違いなく開拓精神を持った人たちがいたと思います。

その１人が明治 31 年（1898）に福島県伊達郡から東旭川村に移住した福島団体の団体長・菊田熊之助で、彼は大田村の村長でした。村はしばしば不作や水害に見舞われる一方、人口は増えていきます。このままでは村の発展は望めないと北海道移住を計画し、村長を辞めて村民を引き連れ移住、開拓に成功しました。自分は困っていないのに、村民の困窮をみかね、北海道の将来性に期待しての行動でした。

それと大農場の経営者の多くは、金儲け目当ての不在地主でしたが、農場の管理者の中には北海道の農村の将来を見据えていた人たちもいます。いまの旭川市と鷹栖町にまたがる地域に、旧松江藩主だった松平家が経営する大農場がありました。そこで農場の管理を任されたのが、道庁で開拓政策を担当した内田瀞《きよし》です。クラークの弟子だった人で、彼は農学校卒業後、開拓使、農商務省、母校を経て道庁に入り、開拓行政を担当しました。クラークの影響を受けたクリスチャンであり、非常にまじめで、献身的に事業を進めました。道庁の殖民地の選定や区画測設などの大事業も、内田がリーダーでした。

松平農場の経営者は、内田の実績と人柄に期待して、農場の経営を彼に任せました。内田は他の農場と違って、小作人に対してとても温情的でした。凶作のときには小作料の免除や開墾料の増額などを行っています。だから、小作争議は一度も起きていません。

大農場の中には、未開地の払い下げを受けながら、いい加減なことをして成功検査にパスするような所がありましたが、内田は元々そういうのを取り締まる立場でした。道庁の検査官にとって彼は元上司でしたので、いい加減なことはできない。そのため、松平農場の検査は厳しかったようです。それをクリアするために、農地化するのが不可能な場所は道庁に戻したりして、誠実に農場の経営にあたりました。このような立派なリーダーもいたのです。

6時限目 開拓者たちのその後

- 結局、開拓に成功した人はどれくらいいたんだろう？

〈データからみる開拓のアレコレ〉

- 移民数の推移と移民の出身地
- 開拓地域の広がり方
- 産業の発展からみる開拓の歩み

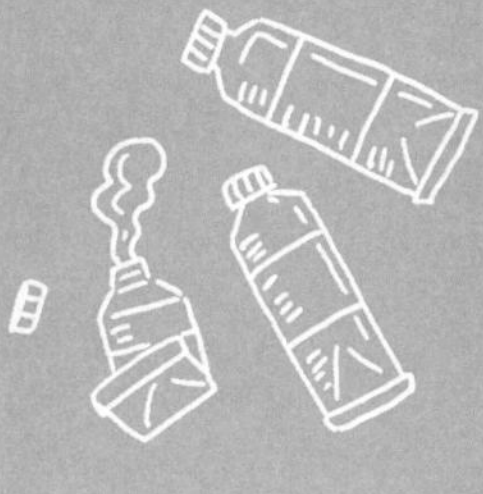

結局、開拓に成功した人はどれくらいいたんだろう？

関先生　これまでみてきたように、開拓者には苦労や困難がいろいろとありました。それでも、自作農になって、豊かな暮らしをしたいという夢を描いて頑張ったのですが、結果はどうかというと、小作農として北海道に定着した農家が半分くらいです。とはいえ、最初から小作農として移住してきた人もいますので、全員が開拓に成功できなかったわけではありません。またもちろん、努力せずに失敗したわけではないので、開拓がそれだけ厳しかったということです。

そして、これは北海道だけじゃなくアメリカの西部開拓もそうなのですが、開拓時代というのは非常に人の移動が多くて流動的だったことも物語っています。

ケンジ　そもそも、土地に縛られていないわけですからね。

希望を持ってきたけれどもダメだった。それでまた新しい土地に移る――。

関先生　自分の先祖が最初に入植したところから移動しないで、ずっと定着して現代まで続いている農家はそれほど多くはありません。

サトミ　最初の入植地とは違う場所で成功した人がいるんですね。

関先生　開拓時代に失敗して動いた人もいます。しかし、開拓に成功したあと、ほかの事業に手を拡げたり、市街地で商売を始めたりした人も少なくないです。

［自作農］27頁参照。
［小作農］26頁参照。

だから農村を去ったからといって、みんなが失敗したとは限らないのですが、でも失敗した人の方が多いですかね。

ケンジ　ぼくの勝手な想像ですけど、本州だと農家は何代もずーっと農家で、それを続けなきゃいけないという固定観念が強そうですが、北海道に来るとそのくびきから解き放たれるのかなって。

関先生　**北海道に来ること自体が、もうそこから解き放たれているでしょ。遺伝子が移動性に富んでいるというか（笑）。そういう気質を持った人たちが北海道に来たわけだから。**

ケンジ　我慢強いし頑張るけれど、切り替えも早い（笑）。

関先生　**どんどん新しいところに行く。**

サトミ　だって、その場所にこだわる必要がないですもの。これだけたくさんの土地があるんだから。

関先生　**いまでも県民意識の調査をみると、北海道人の特性は開拓と関係があるような気がしますね。それから北海道は女性が強いってよく言うでしょ。それは前も言ったように、開拓は女性が頑張らなければどうにもならなかったからです。その開拓を支えてきたという背景が、いまの強さと関係があると思います。女性は男性以上に働かなければならなかったですから。**

ケンジ　なるほど。北海道人の気質みたいなものに、開拓期の暮らしが影響しているのか。

サトミ　昔から北海道は、男性と女性が対等な感じですよね。

関先生　表向きは男性を立てるけれども。

サトミ　女性がいないとごはんは食べられないし、家のことも何もわからないし。

関先生　横道にそれますが、道民気質と開拓の関係からいうと、北海道民は寄り合い所帯なんです。伝統的な考え方も、暮らしぶりや方言なども、まったく異なる人たちがひとつの集落をつくるわけです。だからその違いを認め合わないと、暮らしや集落が成り立たなかった。そういう点からも、伝統が長く続いた本州の社会より北海道の方が自由だった。伝統に縛られませんから。

ぼくはよく、冗談で北海道は昔から「国」際社会だったというんです。国際の「国」はね、カギカッコを付けた「国」。武蔵《むさし》の「国」とか薩摩《さつま》の「国」とかのね。まさにいろいろな「国」から集まった人たちの社会だから。

ケンジ　それまでの日本に、そんな土地はなかったんですよね。

関先生　ありません。江戸とか大坂とか、全国から人が集まってできた都市はそれに近いですが。そして、そういった社会はおそらく、違いを認める寛容性が元々

［大坂］現在の大阪は江戸時代まで「大坂」と表記するのが一般的だった。

あったんです。そういうところは、北海道の特性としてこれからも生かした方がいいと思いますね。

サトミ 言葉も不思議ですよね。いろいろな方言が混ざり合っていて。

関先生 そうでしょ。本州で方言を調査すると、ある地域に入ればその地域全体が、ほぼ同じ方言です。ところが昔の北海道なら、ある町を調査しても集落によって違うし、地域によっては集落の中でも違ってくる。

サトミ そう考えると、純粋な北海道弁ってあるのでしょうか？

関先生 どうでしょうね。それらしいものはありますが、起源をたどると、本州の方言だった、ということが多いようです。

北海道人というのは、昔は青森県からの移民が多く、特に道南や海岸部への移住者は圧倒的に青森出身です。あとは秋田県や東北・北陸がほとんど。だから言葉も生活文化も東北・北陸が基盤になっています。

ところが明治の後半になると、九州とか四国とか、西日本を含む全国各地から入ってくるようになる。うちは祖父母も父も、四国の香川県です。たぶん意識せずに、讃岐弁《さぬき》で育ったんじゃないかな。

サトミ うちの父は薩摩からです。

［讃岐弁］香川県で使われている方言。四国方言の一種。

［薩摩］現在の鹿児島県。

関先生　だから基本的には、東北・北陸の生活文化が基盤になっているけど、全国からさまざまな文化が入ってきているわけです。ですが、画一的な学校教育が普及し、情報化社会になると、暮らしや方言の違いが次第に均一化されていく。それが目立ってくるのは、ぼくの印象では昭和20年代くらいですかね。原因のひとつはラジオです。

サトミ　ラジオですか。

関先生　例えば池の中にポンと石を投げると、波紋は中心から順々に遠くへ広がっていくでしょ。それが昔の伝わり方です。ところがラジオだと、同時に全国に広まる。テレビになるとそれに視覚が加わる。それでだんだん、地域差がなくなってきました。しかし、公的な場で話す言葉と日常会話とでは、現在でも差がありますね。

ケンジ　いまだに大阪の人は関西弁だし、北海道でいえば函館の人はちょっと違いますよね。浜言葉というか。

関先生　函館弁は、主に津軽弁がもとになっていますね。

ケンジ　北海道で一番方言っぽい言葉が残っているのかなって。

関先生　外国人の古い記録に、函館のことをHakodadi（ハコダディ）と書いているのをみて驚いたことがあります。語尾がteじゃなくてdi。地元の人が言う言葉をそのまま書き取ったのでしょう。

サトミ　たしかに、渡島や檜山の方の言葉は独特です。

関先生　向こうの言葉はだいたい、青森地方の方言がなまった——、方言がなまるというのもおかしいけれど（笑）。

サトミ　アクセントが全然違いますから。

関先生　さて、先ほども言いましたように、開拓者が転出する例は非常に多いです。何十年も前ですが、明治時代の模範的な開拓村と言われる村の定着率を調べたことがあります。移住の30年から50年後にどれくらい、本人や次世代の関係者が残っているのか調べてみたら、少ないところで残存率が20％前後でした。

ケンジ　それは、少ないですね。

関先生　多いところで60％ぐらい。だけど、これは必ずしも否定的な面だけではありません。例えば士族移民だったら、最初は農業をやろうと思って入ってきたのですが、士族というのは当時のインテリ、知識階級なので、生活が安定したあとで役人や教員、警察官、軍人になったりと、そういう移動もあるのです。だから必ずしも、すべて失敗が理由で移動したとは限りません。

［士族移民］34・66頁参照。

農家戸数の中で小作農がどれくらいの割合を占めたかというと、明治末期の道庁の統計では、自作農が44％、自分の土地もあり小作もやっている自小作農が13％、小作農が43％。そうすると自小作、小作を合わせるとやはり半分（56％）ぐらいになります。

ケンジ　明治20年ぐらいに開拓に入って、それから20年でそんな差ができてしまうんですね。厳しいなあ。

関先生　先ほど言ったように、最初から農場の小作農として移住してきた農民も含まれますがね。北海道の開拓は日本の近代化に大きな役割を果たし、開拓者たちが開拓精神を燃やして頑張ったおかげで、現代の北海道があると言いますが、実際には多くの小作農が北海道の開拓を支えたわけです。そういうことを忘れてほしくないと思います。特に若い世代の人たちにはね。

ケンジ　夢を実現できた人だけではないと。

関先生　これは何も農業開拓だけのことではなくて、ほかの産業でもそれに似たことがありました。

〈データからみる開拓のアレコレ〉
移民数の推移と移民の出身地

関先生　ここからは、数字で北海道開拓の進展と移民数の推移をみてみましょう。これはまあ、これまで話したことのいわばバックデータですね。

まず人口と耕地の増加（データ①）をみますと、明治10年（1877）の道内の人口はわずか19万人です。その大部分は、江戸時代から開かれていた道南地方の住民

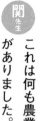

です。開拓使が明治2年（1869）に置かれてから、すでに8年経っています。膨大な国家予算をつぎ込んでも、まだこれだけの人口でした。

サトミ 同じころの東京都の人口は？

ケンジ 明治10年で89万681人。翌11年には107万2560人。ほぼ6倍ですね……。

関先生 一方、明治10年の耕地面積はわずか1万町歩（1万ヘクタール）です。ここから10年刻みでみていきますが、明治10年から20年（1887）の間に人口は13万人増えて32万人、耕地は2万町歩増えて3万町歩になります。
そして明治20年から30年（1897）の間に47万人増えて、79万人になります。

サトミ 明治10年からの20年で人口が4倍。やっぱり明治19年（1886）に道庁ができてから、急増するんですね。

関先生 そう、かなり増え始めた。耕地は明治20年から30年で11万町歩増えます。でも急激に増えるのはそのあとです。明治30年から40年（1907）の間に人口は60万人、耕地は29万町歩増えています。北海道の開拓が本格化するのは明治20年代後半から大正ぐらいというのが、こういう数字からもわかりますね。

ケンジ うわっ、明治40年から大正6年（1917）で70万人、耕地で32万町歩も増えていますよ！

関先生 大正6年から昭和2年（1927）までも増えてはいますが、明治30年から40年代、大正期にかけての増え方に比べるとガクッと落ちています。

データ①　人口と耕地面積の増加〔注：1町歩＝0.99ha〕

期　間	明治10年	明治20年	明治30年	明治40年	大正6年	昭和2年
人　口	約19万人（13万）	約32万（47万）	約79万（60万）	約139万（70万）	約209万（38万）	247万
耕地（田畑）	約1万町歩（2万）	約3万町歩（11万）	約14万町歩（29万）	約43万町歩（32万）	約75万町歩（4万）	79万町歩

〔資料〕人口：道庁庶務課編「特輯 統計数字に依る北海道史（1）」（『北海道統計』第2号、昭和8年5月）
耕地：同　上「同　上（4）」（同　上　第5号、同8年8月）

このように、大正時代に北海道の開拓はピークに達します。そのきっかけはヨーロッパで起こった第一次世界大戦で、食料が不足して日本の農産物が非常に高くヨーロッパで売れるようになりました。特に値段が高騰したのが豆類、それから馬鈴薯澱粉《ばれいしょでんぷん》です。

そうすると開拓農家は、とにかくイモ（馬鈴薯）や豆類を作付けすれば高い値段で売れるので、開拓できそうな土地はほとんど開拓してしまうわけです。それで人口、耕地面積の増加がピークに達します。ところがそのあと、戦後の不況がやってきます。

農産物の価格下落で農村不況がやってきて、いったん開かれた土地がまた荒れ地になる時代が、大正の後半から昭和の初めにありました。さらに昭和初期には冷害や大水害も加わります。大正末から昭和の初めは、北海道の近代史の中でどん底の時代です。その延長線上で、日中戦争・太平洋戦争に突入していくわけです。

ケンジ　北海道だけじゃなくて、日本にとっても暗い時代に入っていくんだ。

関先生　次は、人口の中でも移住者に限定してみてみましょうか（データ②）。明治2年（1869）から大正6年（1917）の間に、トータルの戸数で約47万戸、人口ではだいたい170万人が北海道に移住しています。1年平均で3万5000人くらい。

では、彼らはどの県から来たのでしょうか。道庁の統計をみますと、トップは青森県です（データ③）。

［第一次世界大戦］129頁参照。

［馬鈴薯澱粉］ジャガイモ（馬鈴薯）を原料としたデンプン。

［日中戦争］昭和12年（1937）から20年（1945）年8月まで、日本と中華民国の間で起こった戦争。

［太平洋戦争］第二次世界大戦（1939～1945年）のうち、アジア・太平洋における日本軍対連合国軍の戦争。1941年12月～1945年8月。

ケンジ　やっぱり近いから。

関先生　ただ時期や職業別にみますと、少し違ってきます。農業移住だけに絞れば、富山や新潟あたりは青森より多いです。それはともかく、ご覧のとおりベスト10までは全部東北・北陸です。

サトミ　そうだったんですね。

関先生　だから、先ほども言いましたが北海道の生活や文化を考える場合、基盤となるのは東北や北陸の生活文化です。ところが本州と違うのは、北海道は生活文化の分布がモザイク状態という点です。

　団体で入ってくると、隣は東北の出身だけどその隣は鹿児島の出身なんてことになります。本州だとだいたい、ひとつの農村なら似たような風俗習慣ですが、北海道はモザイクになるんです。

サトミ　溶け合っていなくて、さまざまな文化が混ざり合っている。

ケンジ　移民の多い北海道ならではですね。

関先生　だから非常に多様なんです。それでおもしろいのが、違うしきたりを持った人同士が接触したとき、どういうしきたりが残って、どういうしきたりがなくなるのか。さらに、融合して新たにどんなしきたりが

データ②　明治2年～大正6年の移民の数

期間	明治2～18年	明治19～29年	明治30～39年	明治40年～大正6年	合計
戸数	20,451戸	87,995戸	134,466戸	225,060戸	467,972戸
人口	96,045人	328,563人	535,067人	766,661人	1,726,336人
1年平均	5,650人	29,870人	53,500人	69,700人	35,230人

*明治34年に100万人を突破。

データ③　出身府県別移住戸数

<明治19年～大正11年、総数551,036戸>

①青森 49,800　②新潟 49,573　③秋田 44,973　④石川 41,606　⑤富山 41,306　⑥宮城 39,452
⑦岩手 30,453　⑧山形 29,332　⑨福井 24,294　⑩福島 18,098
⑪徳島　⑫東京　⑬岐阜　⑭香川　⑮広島

*漁業移民は青森・秋田の出身者が多い。

できるのか。北海道は日本の中でも、そういう試験場みたいなところですね。

ケンジ　それは単純に人数の多い方に染まるというわけではなく？

関先生　そうとは限りません。

サトミ　じゃあ、どんなふうに決まっていくのでしょう？

関先生　複雑でぼくにはよくわかりませんが、一例として我が家の場合をお話しします。うちは、祖父母と父が香川県出身なので、正月の雑煮はあんこ入りの丸餅でした。ところが母の祖先は石川県出身だから、雑煮には角餅を入れるんです。

それで、祖父母や父が元気なうちは、我が家の雑煮はあんこ入りの丸餅でした。でも祖父が亡くなり、祖母が高齢化して家庭内で母の力が強くなると、角餅も入れるようになりました。

サトミ　うふふっ（笑）。心底までは染まってはいなかったんですね。

関先生　ぼくの世代になると、うちの妻の実家は秋田県出身なので角餅です。角餅を入れないと雑煮にならない。

サトミ　それで夫婦間は特に問題もなく？

関先生　現在の我が家では、ぼくは丸餅と角餅の両方をつくってもらって食べています。ただ、妻と息子たちは角餅を好みます（笑）。我が家は融合型ですね。はい、横道にそれてスミマセン。

開拓地域の広がり方

関先生　次は、開拓が地域的にどういう広がり方をしていったのかをみてみましょう（データ④）。

明治の前半は、江戸時代から和人が住んでいた道南地域や札幌を中心とした道央地域にほぼ限られています。あとはニシン漁の発達により、海岸地域に漁村ができていましたが、まだ原野の開拓は本格化していません。

明治後期から大正中期になって、急速に内陸部にも開拓地が広がっていきます。札幌周辺から空知、上川、そして上川を拠点に道東と道北に広がっていく。この時期にほぼ、農業に適した土地は開拓し尽くされました。そのあとの開拓者は、当時は開拓に適していないと思われていたところに入るか、いったん開拓されながら離農で荒れたところを再開拓するか、ということになります。

それからもうひとつ、明治の前半は開拓地域が沿岸部でしたが、その海岸沿いにできた市街地を拠点に、だいたい川に沿って下流から上流の方に原野の開拓が進むわけです。

データ④　開拓地域の拡大

明治前期：道南（旧和人地）、道央（札幌周辺）、沿岸地域（漁村・漁業の発達・農地開拓のスタート）
明治後期～大正中期：空知・上川から道東・道北に拡大、農耕適地はほぼ開拓。
○各地域の海岸部（漁村・市街）→内陸部（原野・農村）。○河川の中流域→上流域

ケンジ　よい土地がないから、過酷な条件のところに入らざるを得なかったと。

関先生　そう。開けた肥沃な適地はもうなくなっていました。交通が不便な上、泥炭地だったり沢地だったり、条件が非常に悪いところしかなかったのです。

ケンジ　開拓は空知、上川とやはり札幌の近くから広がっていくんですね。

関先生　そうです。それで、開拓地拡大のための最前線を担ったのが屯田兵村でした。未開地にまず屯田兵村を置いて、既存の町と屯田兵村が線（道路）でつながる。すると、新たな兵村が拠点となって、その周辺に一般の開拓者が入りやすくなります。道路と屯田兵村ができることで、生活の基盤が整備されていくんです。

サトミ　屯田兵村ができるということは、町（市街地）もできるんですよね。

関先生　最初は兵村の中の〝番外地〟というところに、お店などの施設ができます。

ケンジ　番外地ってそういう場所なんだ！　網走番外地のイメージでした。

関先生　番外地は一般の屯田兵に与えた給与地ではなく、商業地を含めた地区で、役場や小学校、病院などの公共施設もこの地区に置かれました。

ケンジ　なるほど。屯田兵村が最前基地となって、そこに小さな市街地ができ、その周辺に開拓者が入るわけですね。

[屯田兵村]　113頁参照。

[網走番外地]昭和31年（1956）に出版された伊藤一の小説。昭和34年（1959）に日活で映画化。昭和40年（1965）からは東映で、高倉健主演で映画シリーズ化された。

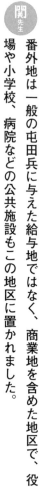

関先生　はい、その典型は石狩川流域です。美唄、滝川など石狩川の中流域から、上流域の永山、東旭川、当麻などへと順に兵村ができていきます。北海道の開拓が進むルート、順序には、それなりに合理性があるのです。

産業の発展からみる開拓の歩み

関先生　さて、次は産業分野の開拓、開発の進展を農産、畜産、林産、水産、鉱産、工産の分野でみてみましょうか（データ⑤）。産業別に全体の中で占める割合を、カッコ内の数字で示しています。

農産の欄をみますと、明治30年（1897）になってようやく生産額が伸びてきますが、まだ水産の方がずいぶん多い。農業が産業の首位を占め、北海道の基幹産業になるのは、明治の末ぐらいからです。農業というのは軌道に乗るのに、それだけ長い時間がかかるということですね。

サトミ　なにしろ、農家の開拓がひと段落するのに10年ですもの。

関先生　注目すべきは水産で、明治10年（1877）から30年まで圧倒的にトップです。北海道の産業はニシン漁業から始まったことが、これでよくわかると思います。明治10年の96％を占める生産額は、その大部分がニシンですから。

ケンジ　ほとんどニシンの売上げだったんですね。

データ⑤　産業の発達（生産額の増加）　［単位：千円］

年次	農産	畜産	林産	水産	鉱産	工産	合計
明治10年	132	？	？	3,132（96％）	1	10	3,275
明治20年	846	？	？	5,264（75％）	99	818	7,027
明治30年	7,410（25％）	113	537	13,998（67％）	4,020	3,831	29,908
明治40年	29,574（42％）	1,227	6,633	12,295（17％）	7,542	13,384（19％）	70,655
大正6年	112,412（35％）	4,278	30,835	48,386（15％）	26,671	101,505（31％）	324,087
昭和2年	151,660（28％）	13,880（3％）	28,016（5％）	126,379（23％）	56,002（10％）	166,042（31％）	541,980

〔資料〕道庁庶務課編「特輯 統計数字に依る北海道史（3）」（『北海道統計』第４号、昭和８年７月）

関先生 江戸時代には、ニシン（鯡）・サケマス（鮭鱒）・コンブ（昆布）が蝦夷地の三品と言われていました。ニシンがトップで次にサケマス、そしてコンブ。コンブは大部分が長崎経由で中国に輸出されていました。蝦夷地のコンブとかナマコ（海鼠）は、外貨を稼ぐ中国貿易の主要な輸出品だったんです。

さて金額的にみますと、明治の初めはほとんどが水産物で20年も75％、30年でもまだ67％を占めてます。だから明治の半ば過ぎまで、北海道の社会は水産が支えていたと言っていいでしょう。

明治の末ぐらいになってやっと農業が追い付いて、大正になると鉱工業が急激に伸びてきます。石炭を中心とした鉱業が伸展するのは、昭和になってからです。明治から昭和初期の北海道経済はまず水産がリードし、農業が追い付いて、さらに鉱工業が伸びてくるという展開になります。

続いて、職業別の移住人口をみてみましょう（データ⑥）。明治20年（1887）から大正11年（1922）までのトータルで、農業が47％とダントツです。そして明治の末から大正には、雑業といって分類できない職種の人が増えます。

全体としては農業が圧倒的に多く、半分くらいは農家でした。そして漁業が約10％、商業が約7％、鉱工業は職人も含めて約5％。そして雑業が約21％を占めるのですが、それ以外にも職業不詳という人たちが10％ぐらいいます。社会が成熟・複雑化してくると、いろいろな職種の人が移住してくるわけです。

ケンジ 我々のような出版業は、まさに雑業ですね。

データ⑥　職業別移住人口

<明治20年～大正11年、総数1,996,412人>

①農業 938,618（47.0%）　②漁業 188,080（9.4%）　③商業 131,363（6.6%）　④鉱工業 105,775（5.3%）　⑤雑業 427,687（21.4%）　⑥不詳 204,890（10.3%）

*移住者数の職業別比率は、時期によって異なる。農業は明治後期に50%を超え、漁業は明治前期に15%に達し、明治末～大正期には雑業・不詳が著しく増加した。

関先生 **昔は「拓地殖民」、略して「拓殖」と言いまして、開拓といえば土地を拓いて、人口を増やすことを意味していました。土地を拓くというのは農業なので、やはり開拓の核となるのは農業だということを、この数字が物語っていますね。**

サトミ 職業不詳って、何をしていた人なんだろう。

ケンジ まだ数に入っているだけマシなんですよ。おそらく、この数に入っていない労働者もいたんですよね？

関先生 **そうでしょうね。さて、これで北海道開拓の話は一通り終わりました。みなさんが持っていた北海道開拓の疑問は、解消されたでしょうか？**

サトミ もちろんです！　わたしたちの素朴な質問を切り口に、こんなにたくさんの興味深い開拓話が聞けるなんて。

ケンジ おもしろくて、あっという間の授業でした。

講義を終えて ぼくたちは北海道開拓を知って何を感じたのか

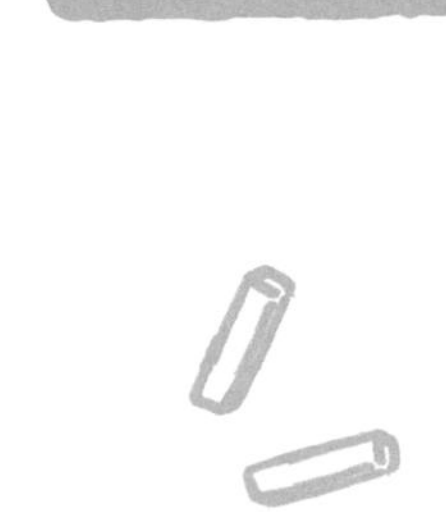

ぼくたちは北海道開拓を知って何を感じたのか

ケンジ　最後に、全6回の講義を聞いたわたしたちの感想を述べさせていただきます。

関先生　**わかりました。**

ケンジ　では、ぼくから。まず、開拓でもそのための政策でも、すべてにおいてポジティブな面とネガティブな面があって、先生はその両方をお話してくれたので、とても深く理解できました。どうしても、どちらかばかりを強調した話を聞くことが多い気がして。

関先生　**悲惨なところとかね。**

ケンジ　やはりそれだけじゃなく、明るくというか、希望を持って北海道にやって来たんだということが、とても印象に残りました。それと未開地に入った初日の話を聞けて、開拓がすごくリアルに感じられました。

サトミ　それまで謎でしたからね。

ケンジ　まったくの謎でした。でも、やっぱり当たり前のことをしていたんですよね。人が木を切って小屋を建てて、草を刈って、土を起こしてタネをまいて——。すべて人の手で、ひとつひとつやるしかない。

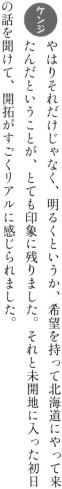

関先生 **まったくの自給自足だから、やらないと生きていけない。**

ケンジ それは知識としてはわかっていたのですが、改めて聞くと、本当に大変だったんだなと。そしてそういう先人のおかげで、いまこういう生活ができているんだと、しみじみ思いました。先祖だけではなく、その周囲の人々も含めて、広い意味での先人たちに感謝の気持ちがわいてきました。

サトミ たしかに、先祖の苦労があっての現在ですからね。

ケンジ 北海道の歴史の本を読めば、移民が何年に何人入って来て、何年には村ができたと2~3行で簡単に書かれています。でも実は、その行間にとてつもなく濃密な時間が流れていたことが、具体的に想像できるようになりました。

サトミ わたしは、先生が毎回、何を聞いてもすべてに答えられることに感心させられました。そんな先生の話を聞きながら、自分の祖先がなぜ北海道に来て、そしていまこうなっているのか、いろいろな事情がおぼろげながらみえてきました。

ケンジ サトミさんの先祖はどこから来たの？

サトミ うちは母方が新潟、父方は薩摩。

ケンジ 新潟は移住戸数トップ2のところだ。ご先祖は、最初どこに入ったんですか？

サトミ　父方は札幌に入って、そこから道北の小頓別や浜頓別とか。母方は旭川から名寄、幌加内の方へ。

関先生　**本州から北海道に渡ってきて、ずーっと1か所に定着して動かない人というのは、全体からいうと少数派です。明治、大正の開拓期というのは本当に混沌としていました。**

ケンジ　本州ならある程度固定されているけれど、北海道ではどこにでも行けたし、何にでもなれたのでしょうか？　農民がいきなり商人になったり。

関先生　**そう、なんでもありです(笑)。そういう点では、アメリカの西部開拓のイメージと似ているところがありますね。**

サトミ　移住者の出身地(187頁参照)を改めてみると、こんなにも全国から来ていたんだなって、驚かされます。

関先生　**だから北海道は、日本という国の縮図ともいえます。北海道から日本の近代をみることもできる。それから先ほども話題に出ましたが、開拓は苦労、困難というネガティブな面が強調されがちです。たしかに、実際そうした面もあります。**

でも、ぼくが開拓の歴史を60年以上調べてきて感じるのは、昔の人は非常に強かった、ということです。例えば、本州での暮らしがとても厳しかったから、北海道に来たと言います。それは間違いないんです。一見ネガティブな理由に思えますが、そこには北海道で新しい暮らしをつくっていこうという、気概というか積極的な意欲もあったはずなんです。

ケンジ　自分の手で自分の運命をつかみとるという。

関先生　**そうそう。この時代は自分で頑張るしかなかったですから。**

ケンジ　ぼくもその気概は感じました。道路や学校をつくるのも、自分たちでできることは役所に頼らずやってしまう。

関先生　**自分たちにできること、身の回りのことは、とにかくやろうという、バイタリティがありますよ。また、そうでないと生きていけない状況でした。自分たちでできることは自分たちでやる――それがおそらく、開拓者なんだね。**

サトミ　それと、寒さ対策のムシロは衝撃的でした（笑）。

ケンジ　開拓地におけるムシロの活躍っぷりね（笑）。ムシロがあればなんでもできる。

サトミ　よくムシロの扉や窓で、冬を越してきたなと。あれはすごいです。

関先生　**言葉では「開拓者精神を忘れない」なんて言うけれども、そういう実態を知らない道民が多くなりました。**

ケンジ　抽象的な観念として、開拓者精神と言いますけど。

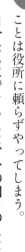

関先生　観念としては、知識としてはわかっているんです。

サトミ　でも実態はあまり伝わっていない……。

関先生　だから、開拓者たちの苦労や思いを、実感として多くの道民に知ってもらいたいんです。そして、ピンチにぶつかったときには、自分の先祖だったらどうしただろうかと、少しでも思いを馳せてもらえれば。

ケンジ　先祖は毎日が、苦労の連続だったわけですからね。

関先生　そう。それに比べれば、こんなの苦労のうちに入らないと、勇気をもらえるかも知れない。

サトミ　以前、明治時代がいかに大変だったかという本を読んだことがあって。明治維新で社会は激変したけれど、政府は庶民のことなんか構っていられないという状況で、社会が閉塞状況に陥っていたそうです。そんな時代に、北海道ってキラキラ輝いてみえたのかも知れないですね。

関先生　努力すればなんとか開けそうな、可能性のある土地だったんですね。もっともね、ぼくは歴史というのは、そこに住んでいる人たちのものだと思っています。そう考えると、そこにはいろいろな立場の人がいるわけです。北海道なら、あとから来て開拓した和人と、元から暮らしていた先住民族のアイヌの人たちとかね。

今回は、本州からきた和人が近代の開拓にどう携わってきたかという視点でお話ししましたが、それでもどちらか一方だけじゃなく、両方の視点を持たなければいけない。

ケンジ 開拓の歴史といってもひとつじゃなくて、いろいろな立場からみたり、考えたりしなければいけないわけですね。

関先生 歴史というのは、極端に言えば100人いれば100の歴史が考えられると、ぼくは思っています。なぜなら、過去の事実は無限にあるわけです。歴史というのは、無数にある事象をどういう見方で、何を基準に組み立てるかによって、変わってくるわけです。

サトミ すべての事象を取り上げることはできないですもんね。

関先生 不可能です。そしてどういう見方が必要かというのは、時代によっても対象によっても変わってきます。例えば開拓ひとつとっても、一般的には開拓が進むことは北海道や日本の進歩、発展だという考え方が長らくあったわけです。

ところが現代は、果たしてそれでよかったのかと。開拓というのは人が自然を変える営みですが、限度を超えると人の生存そのものが危なくなってしまう。人間は自然を抜きにして存在し得ないものですから。

心ある開拓のリーダーたちは、その限度をきちっと押さえて開拓を進めていました。例えば、現在の江別市に入植した北越殖民社の社長で関矢孫左衛門という人物がいました。彼は、道庁が明治32年（1899）に野幌官林（現道立自然公園野幌森林

［北越殖民社］大橋一蔵、関矢孫左衛門らを中心に、明治19年（1886）に新潟県で創設された北海道開拓会社。

公園）を分割して周辺の村に下げ渡す計画を発表すると、この森林が地域の農業や住民の暮らしに重要な役割を果たしていると説いて、近隣の農民とともに反対運動を起こし、計画を撤回させています。

ところが開拓至上主義、開発至上主義となって人間が自然の一部であることを忘れてしまうと、公害や自然破壊が起きてしまう。

ケンジ 先生のおっしゃる「開拓は自然を変える行為」というのが、実は意外と目からウロコというか、そこにあまり気づいていませんでした。人の生活がよくなっていくことばかりに目が行きがちですよね。

関先生 団体移住のリーダークラスの中には、そういう節度のようなものを持った人たちがいたことに、注目すべきだと思います。

ぼくの知っている限り、彼らは郷里で社会的な地位も財産もあって、北海道に来なくても名士として暮らせるような人たちが大半です。そういう人たちが、貧しい村民や農村の将来のことを考えて、みんなを引き連れて北海道にやって来た。彼らこそ、正真正銘の開拓精神に燃えた人たちじゃないかと思います。

そういう先人の経験の中から、何を引き継いでいったらいいのか。それは人それぞれ違うでしょうが、必ず生きていく上でのエネルギー源になるようなものが、あるはずだとぼくは思います。

ケンジ きっと、心を動かす何かを感じてもらえると思います。

関先生　最後にもうひとつだけお話を。北海道は開拓地なので、これまで話してきたような開拓地特有の風土というのがあります。

あまり人に頼りすぎず、苦労にもある程度耐えて、自分の生活領域をつくっていく。そして本州では貧しいままでも、北海道に来れば自分の努力次第で新しい道が開ける。そう信じて一生懸命に頑張ってきました。

そして日本各地から、いろいろな考え方や文化を持った人たちが集まっているので、自分の考えと異なる人を一方的に排除せずに、なんとか折り合いをつけながら、地域社会をつくってきた。そういう自立心のある、自由で柔軟な道民性が、北海道人の長所のひとつだと考えられてきました。そういう特性は、これからも大切にしていきたいですね。

ケンジ　では、このあたりで話を終えましょうか。

サトミ　先生、ありがとうございました！

あとがき

北海道の近代（明治・大正・昭和戦前期、約80年）は、府県とは著しく異なる歴史をたどりました。その最大の特色は、政府の大規模な計画を背景として、広い分野で開発が進んだことです。その中核となったのが府県からの大量の移民と農地の開拓です。このことは、明治5年（1872）に1万数千人の先住民族アイヌの人たちを含め、わずか11万人に過ぎなかった人口が、昭和20年（1945）には350万人を超え、耕地面積も明治初期の数千ヘクタールから、昭和初期には100万ヘクタールにも達したことがよく物語っています。

これまで、北海道では、ことあるごとに「開拓精神」「開拓者精神」が叫ばれてきました。開拓の第一・第二世代は実感を持ってこの言葉を聞き、使いましたが、第三世代以降になると、開拓の実態を知らない道民が多くなり、現代では、この言葉は形骸化しつつあるようにも思われます。また、長期にわたり国の大規模な開発政策が行われてきた結果、道民の中に国への依存体質が生まれた側面もみられ、今後、考えなければならない課題のひとつと思います。

現代では、開発が行き過ぎた結果、自然災害や生活環境の悪化など、さまざまな問題が発生し、近代の開拓の過程で、先住民族であるアイヌの人たちの社

会や文化が壊されたことなど、開拓・開発の影の部分にも目が向けられるようになりました。

現代の北海道を理解し、その将来を考えるには、その基礎を築いた先人たちの開拓の営みの実態を知ることが大切ですが、移住・開拓の歴史は、きわめて多面的です。今回の私の話はその一部にすぎませんが、これを契機に北海道開拓の歴史に関心を寄せてくださる方が増えることを期待いたします。

おわりに、移住・開拓の実態に重点を置いた斬新な視点で本書の出版を企画し、つたない私の話をよくまとめて下さった宮川健二氏をはじめとする亜璃西社の皆さんに感謝いたします。また、本書の編集には膨大な資料を利用させていただきました。関係者の皆様に謝意を表します。さらに、掲載させていただいた図・写真等の所蔵者・所蔵機関については、書中に明記いたしましたが、改めてお礼申し上げます。

令和2年10月29日

関　秀志

◆北海道移住・開拓史年表――明治～昭和初期を中心に――

西暦	年号	出来事
1799	寛政11	**1**― 幕府、東蝦夷地の仮上知を決定。東蝦夷地の場所請負制を廃して幕府の直営による蝦夷地経営が始まる（第1次蝦夷地幕領期）。
1800	12	この年、八王子千人同心が東蝦夷地の勇払と白糠に移住。
1804	文化1	**9**― ロシア遣日使節レザノフ、信牌をもって長崎に来航、通商を求める。翌年3月まで交渉、通商を拒絶され帰国。
1807	4	**3**― 幕府、松前・西蝦夷地一円の上知を決定。松前藩は奥州梁川へ国替え。**4**― フヴォストフら、択捉島シャナ会所を襲撃。幕府役人や警備の藩士らは敗走。
1821	文政4	**12**― 幕府、松前藩へ旧領を返還。
1845	弘化2	この年、松浦武四郎、東蝦夷地・箱館・松前を踏査。以後、安政年間までに東西蝦夷地・カラフト・クナシリ・エトロフを調査。
1853	嘉永6	**7**― プチャーチン、長崎に来航し、国交および樺太・千島の国境確定を要求。
1854	安政1	この年、福山（松前）城竣工。**6**― 箱館奉行設置。**12**― 日露通好条約調印。
1855	2	**2**― 幕府、木古内以東、乙部以北の地を上知（第2次蝦夷地幕領期）。
1860	万延元年	この年、東北諸藩による蝦夷領地の警備・開拓始まる。
1867	慶応3	**2**― 「樺太島仮規則」調印。日露両国人の雑居を決定。
1868	明治1	**4**― 箱館裁判所設置。閏**4**― 箱館裁判所を箱館府と改称。**10**― 榎本武揚率いる旧幕府軍、箱館・五稜郭を占拠。
1869	2	**5**― 旧幕府軍降伏し、箱館戦争終結。**6**― 15代藩主松前兼広、版籍奉還して館藩知事となる。**7**― 開拓使設置。**【1時限目】** **8**― 蝦夷地を北海道と改称し、11国86郡を配置。省・府・藩・寺院・士族の北海道分領支配開始。**9**― 開拓使、場所請負制度を廃止。**10**― 開拓使、札幌本府の建設に着手。**11**― 開拓使、「移民扶助規則」「移民給与規則」制定。
1870	3	この年、仙台藩士石川邦光・伊達邦成・片倉邦憲らの旧家臣団がそれぞれ室蘭・有珠・幌別郡に

		移住。
1871	4	この年、徳島藩士稲田邦植旧家臣団が静内郡に、仙台藩士岩出山領伊達邦直旧家臣団が厚田郡厚田村に（翌年、石狩郡当別村に移転）、旧会津藩士たちが余市郡に、仙台藩士片倉邦憲旧家臣団が札幌郡白石・手稲村に移住。開拓使の募移民、札幌周辺に移住。**7**―廃藩置県により、館藩を廃し館県を設置（**9**―館県、弘前県に併合）。
1872	5	**1**―開拓使10年計画実施。**9**―開拓使「北海道土地売貸規則・地所規則」を制定。
1873	6	**6**―亀田～札幌間の新道（札幌本道）完成。**【5時限目】**
1874	7	**7**―「移住農民給与更生規則」制定。**8**―陸軍中将兼開拓次官黒田清隆、参議兼開拓長官に任じられる。**10**―「屯田憲兵例則」制定。
1875	8	**5**―樺太・千島交換条約調印（**11**―公布）。最初の屯田兵198戸965人が札幌郡琴似村へ入地。**10**―樺太からアイヌ108戸841人を天塩国宗谷に強制移住させる（翌年**6**―さらに石狩国対雁に強制移住）。
1876	9	**8**―「金禄公債証書発行条例」制定。
1877	10	**2**―西南戦争起こる（～9月、屯田兵出役）。**12**―「北海道地券発行条例」制定。
1878	11	この年、旧名古屋藩主徳川慶勝家臣団、山越郡遊楽部に移住開始。
1879	12	**4**―「北海道送籍移住者渡航手続」制定。**7**―開拓使、「郡区町村編制法」により、郡役所・戸長役場・総代人制度を制定。**【5時限目】**この年、岩橋轍輔、開進会社を設立し、北海道各地で大規模な開墾事業に着手。**12**―幌内炭山開坑。
1881	14	この年、兵庫県士族鈴木清ら、赤心社を設立し浦河郡への移住開始。山口県士族、旧山口藩主毛利元徳の援助により余市郡へ移住。**9**―樺戸集治監開庁。
1882	15	**2**―開拓使を廃し、函館・札幌・根室の3県を設置。**【1時限目】** **7**―空知集治監開庁。**11**―官営幌内鉄道の手宮・幌内間が全通。**【2時限目】**。この年と翌年、札幌周辺、胆振、日高、十勝周辺でトノサマバッタの被害甚大。**【4時限目】**
1883	16	**1**―農商務省に北海道事業管理局をおき、旧開拓使の官営事業を所管。**6**―函館・札幌・根室県、「移住士族取扱規則」制定。翌年から明治19年にかけて、鳥取・山口・山形3県の士族が

西暦	年号	出来事
		木古内・岩見沢・鳥取村などに移住。この年、石川県士族、旧藩主前田利嗣の援助で起業社を設立し、岩内郡への移住・開拓に着手。晩成社の移民、河西郡下帯広に移住。
1886	19	**1**― 3県1局を廃止し、北海道庁を設置。**【1時限目】** **6**― 「北海道土地払下規則」公布。**【1時限目】** 北越殖民社の移民、江別村への入植開始。この年、道庁、主要原野の調査（殖民地撰定事業）に着手（明治24・30年に『北海道殖民地撰定報文』発行）。**【1時限目】**
1889	22	**1**― 函館・江差・福山に「徴兵令」施行。**11**― 奈良県吉野郡十津川郷の水害罹災移民、空知太（滝川）に到着（翌年、樺戸郡新十津川村に入植）。**【2時限目】**
1890	23	この年、「屯田兵召募規則」が制定され、屯田兵の応募資格が平民まで拡大される。道庁、殖民地（原野）の区画測設事業に着手。**【1時限目】**
1891	24	**2**― 道庁『北海道移住案内』発行（～第7号、明治33年）。**7**― 勧農協会、北海道庁編『北海道移住問答』発行。**【2時限目】**
1892	25	**12**― 道庁「団結移住ニ関スル要領」「移住規約ノ要領」制定。**【1時限目】**
1893	26	**2**― 道庁「自作団結移住者規約標準」制定。**【1時限目】**
1894	27	**8**― 日清戦争始まる（～翌年4月）。
1895	28	**3**― 道庁「小学校教則」公布。**【5時限目】** **9**― 渡島・胆振・後志・石狩4か国に「徴兵令」施行を決定（翌年1月施行）。
1896	29	**5**― 第7師団を創設し、屯田兵司令部を廃止。道庁「殖民地撰定及区画施設規程」公布。**【5時限目】** 北海道協会支部『北海道移民必携』発行。**【2時限目】** この年から翌年に、上川郡鷹栖村・松平農場の小作農が富山県から移住。
1897	30	**3**― 「北海道国有未開地処分法」公布。**【1時限目】** **4**― 拓殖務省「北海道移住民規則」制定（明治34年・39年改正）。**5**― 「北海道区制・北海道一級町村制・北海道二級町村制」が公布。**【5時限目】** **11**― 郡役所を廃止し19支庁を設置。**【5時限目】** この年、興復社の移民が福島県から中川郡豊頃村に、北光社の移民が高知県から常呂郡野付牛村（北見）に、会津殖民組合の移民が太櫓郡太櫓村の若松農場に入植。

1898		31	**1**— 北海道全道に「徴兵令」施行。**2**— 道庁「簡易教育規程」公布。**【5時限目】** **9**— 全道的な豪雨により未曾有の大水害発生。
1899		32	**3**— 「北海道旧土人保護法」公布。**7**— 最後の屯田兵が上川郡士別・剣淵両村に移住。
1900		33	**3**— 道庁『北海道移住手引草』第1号発行（第24号から『北海道移住案内』。第34号・昭和14年まで）。**【2時限目】**
1901		34	**3**— 道庁編『殖民公報』創刊（〜123号・大正10年12月）。**【2時限目】**
1903		36	**11**— 内務省「北海道移住民ノ汽車賃汽船賃割引券取扱方ノ件」告示。**【2時限目】**
1904		37	**2**— 日露戦争始まる（〜翌年9月）。**9**— 「屯田兵条例」廃止（屯田兵制度終了）。**10**— 北海道鉄道線の小樽・函館間開通。この年、道庁、青森に移住民取扱事務所を設置。
1906		39	**8**— 対雁移住アイヌの残留者395人、樺太へ帰還。道庁『開墾及耕作の栞』『開墾の栞』発行（〜昭和初期）。**【2時限目】** **10**— 「貸付地予定存置規則」公布。**【1時限目】**
1908		41	**3**— 国有鉄道青函連絡船営業開始。**4**— 「北海道国有未開地処分法」改正。**6**— 「北海道移住民規則」改正。**【1時限目】** この年、山梨県水害罹災者、虻田郡に移住。
1910		43	**4**— 北海道拓殖事業15年計画（第1期拓殖計画）実施。
1911		44	この年、栃木県・足尾銅山鉱毒被害地住民、常呂郡サロマベツ原野に移住。
1913	大正	2	この年、冷・水害による未曾有の大凶作。
1914		3	**7**— 第一次世界大戦始まる（〜1918年11月。この間に北海道移住・開拓が著しく進展）。
1915		4	**12**— 苫前郡苫前村大字力昼村三毛別で史上最悪のヒグマ襲撃事件発生。**【4時限目】**
1916		5	**3**— 新冠村姉去部落のアイヌ80戸、平取村上貫気別に強制転住。
1918		7	**8**— 開道50年記念の北海道博覧会を、札幌・小樽で開催。
1920		9	この年、上川御料地、雨竜郡蜂須賀農場で小作争議発生。
1923		12	**4**— 戸長役場制度を全廃止、町村制を施行。**【5時限目】** **10**— 内務省、関東大震災罹災者の救済と内国移民奨励のため、北海道移民の保護制度を定める（「許可移民」「補助移民」制度）。
1925		14	この年、中標津-厚床（根室線厚床駅）の殖民軌道が運行開始。**【5時限目】**
1926		15	**9**— 道庁「自作農創設維持資金貸付規程」公布。

西暦	年号	出来事
1927	昭和 2	**4**—北海道第2期拓殖計画実施（20か年計画）。**8**—道庁「民有未墾地開発資金貸付規程」公布。この年以降、根釧原野へ許可移民が多数移住。
1929	4	**3**—道庁「北海道自作農移住補助規程」公布。
1937	12	**7**—日中戦争始まる（～1945年8月）。
1941	16	**12**—太平洋戦争始まる（～1945年8月）。
1945	20	**5**—「北海道疎開者戦力化実施要項」決定。**10**—アメリカ軍、全道各地に進駐。
1946	21	**3**—道庁「北海道開拓者集団入植施設計画」を定め、緊急開拓事業を進める。
1950	25	**6**—「北海道開発法」施行、北海道開発庁発足。
1952	27	**4**—北海道総合開発第1次5か年計画実施。

索　引

宮良高弘編『北の民俗学』（雄山閣出版、1993）
遠藤明久『北海道住宅史話（上）（下）』（住まいの図書館出版局、1994）
宮良高弘・森 雅人『北の生活文庫 第9巻　まつりと民俗芸能』北の生活文庫企画編集会議編（北海道・北海道新聞社、1995）
小田嶋政子『北の生活文庫 第6巻　北海道の年中行事』北の生活文庫企画編集会議編（北海道・北海道新聞社、1996）
関 秀志・紺谷憲夫・氏家 等・出利葉浩司『北の生活文庫 第3巻　北海道の民具と職人』北の生活文庫企画編集会議編（北海道・北海道新聞社、1996）
関 秀志・矢島 睿・古原敏弘・出利葉浩司『北の生活文庫 第2巻　北海道の自然と暮らし』北の生活文庫企画編集会議編（北海道・北海道新聞社、1997）
越野 武・矢島 睿・角 幸博・野口孝博・手塚 薫『北の生活文庫 第5巻　北海道の衣食と住まい』北の生活文庫企画編集会議編（北海道・北海道新聞社、1997）
小野米一『移住と言語変容─北海道方言の形成と変容』（渓水社、2001）
［日記・回顧録・集落史など］
白井久兵衛『北役紀行』1863～1864（鶴岡市郷土資料館寄託白井家史料）
岩根靜一『北海道移住回顧録』1871～1875（山田一孝解読『北海道移住回顧録』静内町郷土史研究会、2004）
小林正雄編註『渡辺 勝・カネ日記』第1～8冊、1883～1896（「帯広市社会教育叢書」第7・8巻、帯広市教育委員会、1961・1962、帯広百年記念館蔵）
坂本友規『日記』1884～1903（坂本正男著・釧路市史編さん事務局・釧路市地域史料室編『坂本友規日誌 上・下巻』釧路市、1998・1999）
関矢孫左衛門『北征日乗』1～44、1889～1902（北海道立図書館蔵）
日野愛憙『明治二年以降 片倉家北海道移住顛末』1893（登別伊達時代村師匠評定会編『片倉家北海道移住顛末』登別伊達時代村、2015、登別市郷土資料館蔵）
内田 瀞『明治三十二年 日記』1899（北海道博物館蔵）
創立委員編『古丹別原野鎮守琴平宮 記録』1903（苫前町字香川・金刀比羅神社蔵）
鈴木清治『高台開墾記』1905～1926（高山哲夫ほか編『高台開墾記』鈴木敏一、1999）
都築省三『村の創業』（実業之日本社、1917）〈増補改訂、徳川家開拓移住人和合会、1968〉
新井三之助『落穂』（稿本）1943（北見市・著者旧蔵）
野幌部落會『野幌部落史』（北日本社、1947）〈再刊、関矢マリ子『野幌部落史』国書刊行会、1974〉
高倉新一郎著・帯広市史編纂委員会編『帯広の生い立ち』（帯広市、1952）
五十嵐重義「或る開拓者の記録　鍬と斧（1）・（2）」（北海道文化財保護協会編『北海道の文化 9・10』1965・1966）
大久保諶一・白川 武編『讃岐移民団の北海道開拓資料』（多度津文化財保存会、1981）
中山トミ子『開拓農民記　北海道・砺波部落誌』（日本経済評論社、1982）
関 秀志著・新苫前町史編さん委員会編『新苫前町史 第九編第二章 地名と集落誌』（苫前町、2015）
［北海道庁の主な移住・開拓者向け広報出版物─明治・大正期─］
第二部編『北海道農業手引草』（1889）
殖民課編『北海道移住問答』（1891）
殖民・拓殖課編『北海道殖民地撰定報文』第1～3（1891～97）
殖民課編『北海道移住案内』第1～7（1891～1900）
殖民・拓殖課編『北海道土地処分案内』第1～6（1895～99）
殖民・拓殖課編『北海道殖民図解』第1～3回（1895～1906）
北海道協会支部編『北海道移民必携』（進振堂、1896）
拓殖課編『北海道殖民状況報文』根室・北見・日高・釧路・十勝国（1898～1901）
拓殖部『開墾及耕作の栞』（1906～1931）
第五部殖民課編『開墾の栞　附録 移住費』（1906～10）
拓殖部編『北海道移住の栞』（1911）
拓殖・殖民課編『北海道移住手引草』第1～23（1900～23）
殖民課編『北海道移住案内』第24～34（1924～39）
殖民課編『移住者成績調査』第1・2篇（1906～08）
第五・拓殖部編『北海道拓殖の進歩』（1907～14）
殖民・拓殖部編『殖民公報』第1～123号（1901～21）

［参考文献］

［北海道通史・年表・事典］
北海道編『新北海道史』概説・通説1～5（北海道、1970～81）
長沼 孝・越田賢一郎・榎森 進・田端 宏・池田貴夫・三浦泰之『新版 北海道の歴史 上　古代・中世・近世編』（北海道新聞社、2011）
関 秀志・桑原真人・大庭幸生・高橋昭夫『新版 北海道の歴史 下　近代・現代編』（北海道新聞社、2006）
高倉新一郎・関 秀志『風土と歴史 1　北海道の風土と歴史』（山川出版社、1977）
榎森 進『アイヌ民族の歴史』（草風館、2007）
北海道編『新北海道史年表』（北海道出版企画センター、1989）
北海道史研究協議会編『北海道史事典』（北海道出版企画センター、2016）
北海道民具事典編集委員会編『北海道民具事典　Ⅰ　生活用具』（北海道新聞社、2018）
北海道民具事典編集委員会編『北海道民具事典　Ⅱ　生業・生産用具 交通・運搬・通信用具』（北海道新聞社、2020）
［移住・開拓全般］
上原轍三郎『北海道屯田兵制度』（北海道庁拓殖部、1914）〈復刻版、北海学園出版会、1973〉
農村更生協会編『北海道調査報告』（農村更生協会、1937）
安田泰次郎『北海道移民政策史』（生活社、1941）
高倉新一郎『北辺・開拓・アイヌ』（竹村書房、1942）
大政翼賛会北海道支部編『屯田兵座談會　開拓血涙史』（長谷川書房、1943）
高倉新一郎『郷土と開拓』（柏葉書院、1947）
高倉新一郎『北海道の開拓と開拓者』（札幌講談社、1947）
高倉新一郎『北海道拓殖史』（柏葉書院、1947）〈覆刻版、北海道大学図書刊行会、1979〉
榎本守恵『北海道開拓精神の形成』（雄山閣出版、1976）
北海道新聞社編『北海道ふるさと紀行』（北海道新聞社、1976）
高倉新一郎『北方歴史文化叢書 新版 郷土と開拓』（北海道出版企画センター、1980）
桑原真人『近代北海道史研究序説』（北海道大学図書刊行会、1982）
伊藤 廣『屯田兵の研究』（同成社、1992）
榎本守恵『侍たちの北海道開拓』（北海道新聞社、1993）
関 秀志・桑原正人『北の生活文庫 第1巻　北海道民の成り立ち』北の生活文庫企画編集会議編（北海道・北海道新聞社、1995）
田中 彰・桑原真人『北海道開拓と移民』（吉川弘文館、1996）
関 秀志「北海道団体移住一覧」（『角川日本地名大辞典 1 北海道 下巻』1987）
永井秀夫編『近代日本と北海道―「開拓」をめぐる虚像と実像―』（河出書房新社、1998）
中村英重『北海道移住の軌跡―移住史への旅―』（高志書院、1998）
岐阜県歴史資料保存協会編『大志を抱いた人びと―岐阜県人の北海道開拓物語―』（岐阜県、1998）
北国諒星『歴史探訪 北海道移民史を知る！』（北海道出版企画センター、2016）
［民俗・生活文化・民具など］
蠣崎知二郎「本道と農具の改良」（北海道庁編『殖民公報』第63号、1911）
広沢徳次郎『屯田物語原画綴』1920年代、旭川兵村記念館蔵（北海道教育委員会指定文化財）
崎浦誠治「明治期における農機具の発達」（北海道立農業研究所編『北海道農業研究』第20号、1961）
高倉新一郎『日本の民俗　北海道』（第一法規出版、1974）
石垣福雄『日本語と北海道方言』（北海道新聞社、1976）
北海道開拓記念館編『常設展示解説書　4 開けゆく大地』（北海道開拓記念館、1976）
北海道開拓記念館編『常設展示解説書　5 産業のあゆみ』（北海道開拓記念館、1978）
北海道開拓記念館編『常設展示解説書　6 北のくらし』（北海道開拓記念館、1978）
林 善茂・紺谷憲夫『北海道の生業 1 農林業』（明玄書房、1980）
北海道開拓記念館編『第20回特別展目録　雪と氷と人間』（北海道開拓記念館、1981）
「日本の食生活全集 北海道」編集委員会『日本の食生活全集 1 聞き書 北海道の食事』（農山漁村文化協会、1986）
名著出版編『歴史手帖 14－8・9　特集 北海道＝開拓と民俗文化①・②』（名著出版、1986）
宮良高弘編『むらの生活―富山から北海道へ―』（北海道新聞社、1988）

著 者 略 歴

関 秀志（せき・ひでし）。昭和11年（1936）、北海道苫前郡苫前町生まれ。祖父は香川県からの入植者という開拓移民3代目。北海道大学文学部卒。元北海道開拓記念館（現北海道博物館）学芸部長、現北海道史研究協議会副会長。専門は北海道近現代史で、60年以上にわたり北海道の地域史、開拓史などの研究に取り組む。『北海道の風土と歴史』（共著、山川出版社、1977年）、『北海道の歴史　下（近代・現代編）』（共著、北海道新聞社、2006年）ほか著作多数。

北海道開拓《ほっかいどうかいたく》の素朴《そぼく》な疑問《ぎもん》を
関先生《せきせんせい》に聞《き》いてみた

二〇二〇年十二月十二日　第一刷発行

著　者――関《せき》 秀志《ひでし》
装　幀――佐々木正男
編集人――井上 哲
編集担当――宮川健二
発行人――和田由美
発行所――株式会社亜璃西社
〒〇六〇-八六三七
札幌市中央区南二条西五丁目六-七　メゾン本府七階
電　話　〇一一-二二一-五三九六
ＦＡＸ　〇一一-二二一-五三八六
ＵＲＬ　http://www.alicesha.co.jp/
印　刷――株式会社アイワード

ISBN 978-4-906740-46-8 C0021

本文イラスト　宮崎メグ

制作スタッフ　加藤太一、野崎美佐、前田瑠依子
制作協力　竹島正紀

亜璃西社の本

札幌の地名がわかる本
関 秀志 編著

市内10区の地名の由来を解説しながら、そこに隠された意外な歴史を紹介。札幌１５０年の歩みを地名を通して知り、親しむ地域史入門編。　本体１８００円＋税　978-4-906740-34-5 C0021

増補版 北海道の歴史がわかる本
桑原真人・川上淳 共著

石器時代から近・現代まで約３万年におよぶ北海道史を56のトピックスでイッキ読み！どこからでも気軽に読める歴史読本。　本体１６００円＋税　978-4-906740-31-4 C0021

北海道の古代・中世がわかる本
関口 明ほか 共著

２万５千年におよぶ古代・中世期の北海道を、32のトピックスでイッキ読み！　考古学&文献史学の専門家がコラボした入門書。　本体１５００円＋税　978-4-906740-15-4 C0021

地図の中の札幌
堀 淳一 著

今尾恵介氏推薦！　地図エッセイの名手が、のべ１８０枚の地図・地形図を駆使して、道都１５０年の歴史と変遷を読み解く〈札幌タイムトラベルの誘い〉。稀少な試験図を附録につけたオールカラー上製本の贅沢な一冊。　本体６０００円＋税　978-4-906740-02-4 C0021